国家自然科学基金项目（51268057）成果

景观规划设计

PLANNING AND DESIGN ON THE LANDSCAPE

徐坚　丁宏青 / 编著

中国建筑工业出版社

目录

第1章
景观与景观规划设计

第2章 景观体系划分及特点

第3章 景观规划设计要素及利用

第4章 景观规划设计基础

第5章 景观规划设计标准

第5章 景观规划设计标准

第6章 景观规划设计

第7章 景观规划设计新材料、新技术、新能源及运用

第1章
景观与景观规划设计

1.1 景观的含义及运用

1.1.1 景观概念的由来

“景观”一词最早可见欧洲希伯来文本的《圣经》旧约全书，用来描述耶路撒冷的所罗门圣都景观。汤姆·特纳（Tom Turner）指出，“观景”一词最初随同盎格鲁人、萨克逊人和朱特人一起来到英格兰，意为“景观是指留下人类文明足迹的地区”。所以，英文 Landscape 一词源于荷兰语 Landskip，特指风景画，尤其是自然风景画，包括画框和画中的景物。这个词的本意等同于“风景”、“景色”，从中派生出了“风景画”和“模仿自然景色的庭院布置”等含义。15 ~ 17 世纪左右，欧洲的一些画家沉迷于自然美景，热衷描绘大自然风光。因此，景观（Landscape）成为专门的绘画术语，专指陆地风景画，泛指陆地上的自然景色。1603 年，Landscape 被定义为“一幅表现陆地或海洋风景的画或景”（Cosgrove，17）。Webster 英语大词典(1966 年)也如此定义。而中国自东晋开始，山水画（风景画）从人物画的背景中脱胎而出，独立成门，风景（山水）很快就成为艺术家们的研究对象，丰富的山水美学理论堪称举世无双，因此造就了中国山水园林的臻美。

景观概念及景观研究的进展，代表了人类对人与自然关系的认识不断深化的过程，并伴随人们对自然认识的提高，经历了从美学概念到地理学概念再到生态学概念的各个阶段。即最初对景观的理解是一种具有美学概念的景观——风景，景观被看成是没有明确的空间界线，主要突出的是一种综合的和直观的视觉感受。后伴随人类对地理科学的进一步认识，景观在单纯美学概念上加上了各种地形地貌特征。而现阶段，景观具有生态学概念，即景观代表了由一组以相类似方式重复出现的、相互作用的生态系统所组成的异质性陆地区域。

1.1.2 景观在相关学科的含义

“景观”在《辞海》同一条目详细注明了三个层次：

（1）一般概念的景观，泛指地表自然景色。

（2）特定区域概念的景观，专指自然地理区域中起始的或基本的区域单位，是发生上相对一致和形态结构同一的区域，即自然地理区。

（3）类型概念的景观，是类型单位的通称，指相互隔离的地段，按其外部特征的相似性，归为同一类型单位，如荒漠景观、草原景观等。

景观规划设计的景观中主要指特定区域的概念。此处引出一个“景观规划设计”，《辞海》注：“综合自然地理学的分支。主要研究景观形态结构、景观中地理过程的相互联系，阐明景观发展规律，人类对它的影响及其经济利用的可能性。”

目前有关景观的定义，在不同的学科有不同的表述。

艺术家把景观看作表现与再现的对象，等同于风景；建筑师把景观作为建筑物的配景或背景；旅游学家把景观当作资源；而更常见的是景观被城市美化运动者和开发商等同于城市的街景立面、霓虹灯、园林绿化和小品等（表 1–1）。

景观概念三个阶段的变化及内涵　　表 1–1

景观概念	作为视觉美学意义上的概念与“风景”、“景致”、“景色”同义	作为地理学概念与地形、地物同义，主要用于描述地壳的地质和地貌属性	作为生态系统的能流和物流循环的载体
形成时期	从古代形成到现在	19 世纪	20 世纪
以景观为对象的研究和景观设计的职业范围	景观作为审美对象，是风景诗、风景画及园林风景学科的研究对象，景观设计主要集中在不同艺术风格的贵族化造园	景观除了作为审美对象外，开始作为地学的研究对象，主要从空间结构和历史演化上研究，景观设计职业范围扩展到以满足城市广大居民的身心再生需求的居住、生产和休闲空间的规划和设计	除了景观作为审美并在空间结构和历史演化上研究外，开始作为生态学，特别是景观生态学及人类生态学的研究对象，不但从空间结构及其历史演替上，更重要的是从功能上研究，景观设计职业范围扩展到以拯救城市人类和生命地球为目标的国土、区域、城市的物质空间规划和设计
其他相关学科	建筑、城市规划、园艺等	除了以往相关学科外，还包括自然地理、历史地理、人文地理等	除了以往相关学科外，还包括生态科学、环境科学、地球及区域科学等

改编自：俞孔坚、刘东云.美国的景观规划专业[J].国外城市规划，1999（1）：1–9

对景观运用最多、最成熟的，还是集中在地理学、生态学、景观规划设计的研究中。

1885 年，J•温默将景观引入地理学的概念。19 世纪初期德国植物暨地理学家洪堡（A. von Humboldt）将“景观”作为地理学的专业术语提出，从此景观成了“自然地域综合体”的代名词。从地理学的角度，景观是指反映地形地貌景色的图像，诸如草原、森林、山脉、湖泊等；或者某一地理区域的综合地理特征；或者是人们放眼所看到的自然景色。所以，地理学角度主要研究景观自然形态的形成与发展，注意力更多地放在“地景”上面，研究景观形态的地质成因、地貌的发展演变规律。除了地域整体性之外，它同时强调景观的综合性，认为景观是由气候、水文、土壤、植被等自然要素以及人类的文化现象共同组成的“地理综合体”。

生态学家认为景观是一个更为广义的概念，它泛指人类生存空间的视觉总体。生态学的景观内涵和通常所说的“景观”差异很大。它把所有的景观组成部分都作为一种环境影响因子（气候、地质地貌、土壤、水文、植被、动物、人类的活动等），着眼点在于这些因子之间的相互作用和平衡，人的活动在里面也只是一个因子。生态学提出的景观概念及其进行的相关研究，与地理学有所不同。地理学的景观偏重横向（共时性），生态学的景观偏重纵向（历时性）。生态学研究景观整体的结构、功能以及演变，研究焦点是在较大的空间和时间尺度上景观生态系统的空间格局和生态过程。

在生态学中，景观的定义可以概括为狭义和广义两种：狭义景观是指几十平方公里至几百平方公里范围内，由不同生态系统类型所组成的异质性地理单元；广义的景观指出现在从微观到宏观不同角度上的，具有异质性和缀块性的空间单元。在景观生态学中，景观被定义为："由相互作用的生态系统构成的，以相似的形式在整个面积重复出现的，具高度空间异质性的区域。"这样景观在系统层次上是居于生态系统之上的生态学单位。由于景观组成中的异质性和人类的干扰程度不同，景观类型差异很大。

1.1.3 景观在景观规划设计学科的含义

17 世纪以后到 18 世纪，景观一词开始被园林设计师们所采用，他们基于对美学艺术效果的追求，对人为建筑与自然环境所构成的整体景象景观进行设计、建造和评价。这时的景观成为描述自然、人文以及它们共同构成的整体景象的一个总称，包括自然和人为作用的任何地表形态，常用风景、风光、景色、景象等术语描述。因此，这时的景观是美学概念的景观——风景。这种针对美学风景的景观理解是其后学术概念的来源。从景观原意中可以看出，它没有一个明确的空间界线，主要突出的是一种综合的和直观的视觉感受。

景观规划设计中，为体现人与自然和谐发展的趋势，注重借鉴其他学科的优势。在《牛津园艺指南》中表明："景观建筑是将天然和人工元素设计并统一的艺术和科学。运用天然的和人工的材料——泥土、水、植物、组合材料——景观建筑师创造各种用途和条件的空间。"这里将景观规划设计定义为具备建筑学一样的涵括功能与形态、艺术与科学的学科，但由于同自然的密切联系，景观规划设计涉及众多环境问题，与环境规划的关系更为密切。

综上所述，在景观规划设计中，景观是指土地及土地上的空间和物体所构成的综合体（Newton，1971）。它是复杂的自然过程和人类活动在大地上的烙印。

由于景观规划设计研究中的"人"被赋予了社会属性，"景观"也具备了美学特性，对人类感受有着某种影响的景观便成为核心的研究内容。景观规划设计中的景观通常分为自然景观和人文景观。自然景观通常被认为是自然过程的产物，它不受人类显著的影响，既包含有区域特征，又包含类型特征。人文景观是在人类强烈干预自然景观的基础上形成的，是一个既包含社会经济特征，又包含自然系统的镶嵌体。自然景观是由自然地理环境要素所构成的，在形式上，表现为高山、平原、丘陵、江河、湖泊、沼泽等，在构成要素上表现为地貌、水文、植被等。人文景观是人类适应、改造自然景观的创造物，是人们在长期的生活、生产中，对自身发展的科技、文化、历史、社会的一种总结与概括，通过形体、色彩及其他方式表达出来的创造物。它的具体组成有建筑物、桥梁、陵墓、园林及雕塑等。

景观规划设计中的"景观"还具有更丰富的含义，在约翰·O. 西蒙兹（John Ormsbee Simonds）的《景观设计学》描述："它使我们理解自然是一切人类活动的背景和基础；描述了由自然和人造景观的形式、力量和特征引发的规划限制；向我们灌输了对气候的感觉及其在设计中的意义；讨论了场地选择和场地分析；指导可用土地及相关土地利用区的规划；考虑了外部空间的容积塑造；探讨了场地——建筑组织的潜力；寻找出富表现力的人居环境和社区规划及近代规划思潮的历史教训；提供了在城市和区域背景下，创造更有效且更宜人的生活环境的导则。”显然，西蒙兹试图将景观看成为总体环境设计的组成部分，而不仅仅是制造和管理风景的行为：景观研究是站在人类生存空间与视觉总体高度的系统上的研究。

所以，所谓的现代景观，具有更广的含义和更深的内涵。美国著名的景观建筑师劳伦斯·哈尔普林（Lawrence Halprin）在他的《城市》一书中总结了现代景观，具体内容见表 1–2 所列。

劳伦斯·哈尔普林总结的现代景观 表 1–2

现代景观	城市空间	商店、购物街、小型广场、大型广场、邻里公园、公园、私人花园、滨水地段等
	城市地面	大理石、卵石、大鹅卵石、石头、砖、混凝土、格网、预制铺面材料、沥青等
	三维构造	石阶、坡道、护柱、篱笆和墙等
	水　景	静水、喷水、娱乐、瀑布、喷嘴、碗、水池底等
	植物造景	配置、修剪、种植城市中用的园林植物等
	鸟瞰景观	公共场所、停车楼顶层等
	运动景观	行人、汽车和高速公路、运动旋转、变化和空间轮廓等
	装饰小品	照明、椅子、花坛、标志和符号、亭子、自行车、门和入口、饮水机、钟、雕塑、儿童雕塑等

1.1.4 景观的内涵

景观的内涵十分丰富，正如迈尼希（Meinig，1976）在《同一景象的十个版本》（Ten versions of the same scene）中提到的，景观是人所向往的自然，景观是人类的栖居地，景观是人造的工艺品，景观是需要科学分析力才能被理解的物质系统，景观是有待解决的问题，景观是可以带来财富的资源，景观是反映社会伦理、道德和价值观念的意识形态，景观是历史，景观是美（图 1–1）。

正因为景观具有多种功能载体的特性，俞孔坚教授将景观看成是包含审美、体验、科学、符号四种含义的符合体（表 1–3）。其中，风景是视觉审美过程的对象；栖居地是人类生活其中的空间和环境（图 1–2）；生态系统是一个具有结构和功能、具有内在和外在联系的有机系统；符号是一种记载人类过去、表达希望与理想，赖以认同和寄托的语言和精神空间。

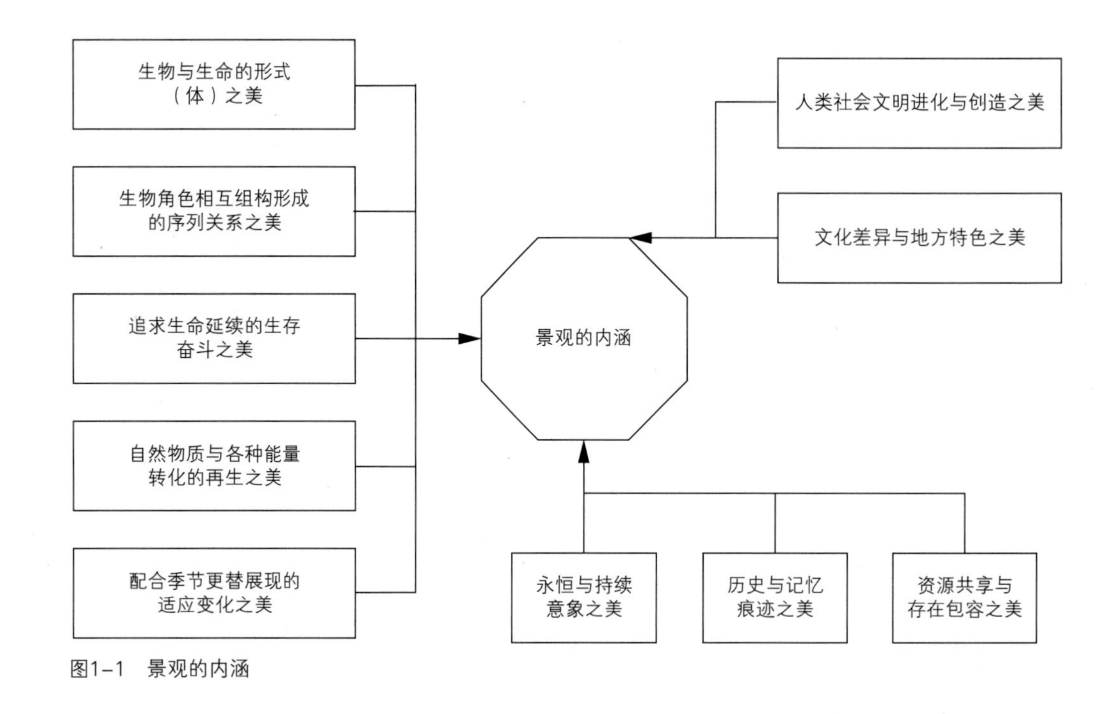

图1–1　景观的内涵

景观的含义　　表 1–3

含义及表现载体	内涵	不同的表现层面	
审美风景	在空间上人物我分离，表达了人与自然的关系，人对土地及城市的态度，反映了人的理想和欲望	美的景象	
		景观的营造	
体验栖居地	是体验的空间，人在空间中的定位和对场所的认同，使景观和人物我一体	人与人 、人与自然关系在大地上的烙印	
		内在人的生活体验	场所的物理空间
			人与景观合二为一
			定位和认同
			时间性
科学生态系统	物我彻底分离，使景观成为科学客观的解读对象	景观与外部系统的关系	
		内部各元素间的生态关系	
		景观元素内部的结构和功能的关系	
		生命和环境的关系	
		人类与环境间的物质、营养及能量的关系	
符号语言及精神空间	是人类历史与理想，人与自然、人与人相互作用和相互关系在大地上的烙印		

改编自：俞孔坚.景观的含义[J].时代建筑，2002（1）：14–17

图 1-2 不同时代的理想栖居景观
改编自：张卉卉. 当代景观新思维[D]. 南京林业大学，2007年

景观是符合审美需求的，必须满足相应的功能要求，除此之外，景观作为生态的含义，一方面需以生态学理论为指导，另一方面，需要体现可持续发展思想。植物生态学、环境生态学等生态学理论对景观规划设计产生重要影响，并由此改变人们对景观审美的标准。可持续发展的思想表现在经济、资源和环境协调发展的同时，人类赖以生存的自然资源和环境受到保护，以体现不影响后代生存和发展的持续发展思想。景观规划设计中应注重人类发展和资源环境的可持续性，尊重自然生态原则，维护生态多样性，实现生态系统的平衡。

景观作为表意的符号，把景观作为表达意义的载体，运用符号学可将景观符号的形和义结合起来，使景观成为表达意义的载体。

景观作为符号含义时，是具有历史的符号，能够叙事的符号，代表地方的符号，成为大众文化的符号。所以，景观可以通过景观片段的景观元素，园林空间的形式，以及装饰元素表达意义。可以像文本一样，让其中的人们阅读理解创作主体表达的内涵。可以通过地方材料的运用，表达出因地制宜的特色，并在创造符号、解释符号、革新符号和物化符号的过程中，强化地方文化，使景观作为大众文化的缩影，反映时代特征和生活状态。

1.1.5 景观的特征

在景观作为审美意义的过程中，景观表现

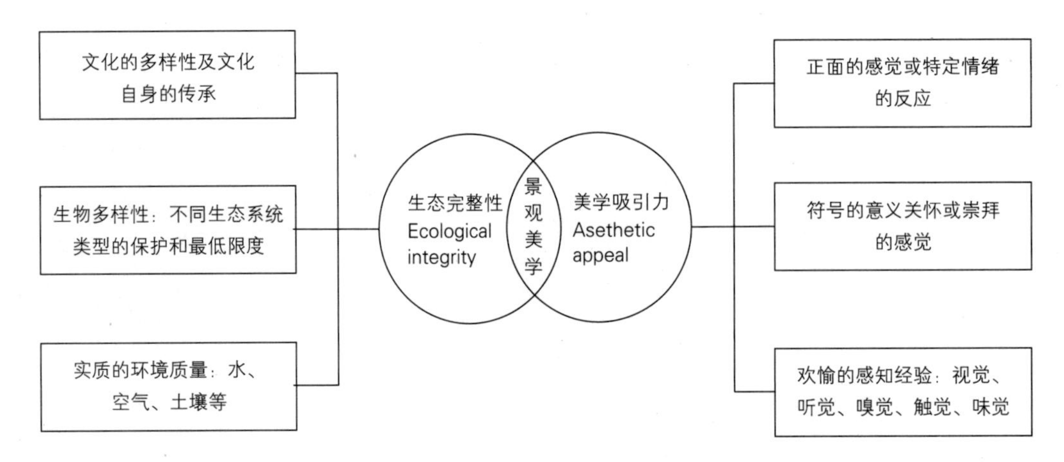

图1–3　景观美学的组成架构
改编自：侯锦雄、林文毅. 景观设计教育中之美学论述与表现[C]//迈向多元发展新纪元设计之路——景观设计教学研讨会，2002

为由环境形象构成，可为人所感知的形式信息（图 1–3）。这种信息具有图形性和象征性，能够清楚地表现特定的功能内容和思想情感。除此之外，景观还具有以下特征：

1. 可感性

景观是通过人体感官和引起主观思维与客观思维而产生的一种意象，它客观存在，是可供人们使用和观赏的物质实体及精神象征。

2. 地物性

景观构成是在特定场地空间中形成的，必须伴随其他地物性特征成景。

3. 社会性

自然或人工景观仅对于人类才具有意义，而这种意义只有在其中亲身体验的人才会被感受和了解。良好的景观场所可以为人们提供物质和精神需要的理想环境，并端正其行为心理要求，所以景观具有广泛的社会性。

4. 时空性

景物存在于时间与空间中，随着时间、空间、季相、气候的变换而具有时间空间特性。

5. 整体性

环境与景观具有整体效应。环境景观质量由细部、局部及整体的综合因素组成，是协调统一的有机整体。

6. 易识别性

良好的景观构成具有易识别性，能发挥诱导、指引、认知、对话等作用，不同的景观特征能给人不同的心理距离。

1.2　景观规划设计

1.2.1　景观规划设计

景观规划设计（Landscape Architecture）是一门关于如何安排土地与土地上的物体和空间，以为人创造安全、高效、健康和舒适的环境的科学和艺术。

正因为景观设计学是关于景观的分析、规

划布局、设计、改造、管理、保护和恢复的科学和艺术，所以它是一门建立在广泛的自然科学、人文与艺术学科基础上的应用学科。尤其强调土地的设计，旨在通过对有关土地及一切人类户外空间的问题进行科学理性的分析，设计问题的解决方案和解决途径，并监理设计的实现。

景观规划设计作为自然与人文相交叉的学科。它同时具备以下三个层次：

（1）景观形态研究。通过学习地理学中景观的地质成因及地形的演变规律，结合美学技能，掌握景观载体的造型与表现能力，使之合乎自然形态规律，达到与自然环境在“形体上”高度协调的初步目的。这属于景观设计的技术部分。

（2）景观生态研究。它的目的是使景观能够有序地可持续发展，使植物生长良好，天空水体纯净清澈，水土正常流失、风化和腐蚀，气候有规律的变化，人与动物和谐相处，从而达到自然生态环境的整体协调。这是景观设计的基础理论需求。

（3）景观的人性化研究。创造人与人、人与自然、工作与生活、家庭与社会、历史与现代等交流所需要的理想场所。这是景观设计的最高层次。

景观规划设计的英文 Landscape Architecture 以前直译为“景观建筑学”。相当一部分学者认为景观规划设计是建筑学学科的延伸，因为事实上很多景观设计师同时也是建筑师，很多景观设计项目也是由建筑师完成的；但另外一些学者和专业人士则持有不同的看法，他们认为景观应该和雕刻、绘画、建筑一样是不同层次的艺术和学科门类。

麦克哈格（Ian Lennox McHarg）认为景观规划设计是多学科综合的，是用于资源管理和土地规划利用的有力工具，他强调把人与自然结合起来考虑规划设计问题。

西蒙兹在《景观设计——环境规划手册》（Earthscape：a Manual of Environmental Planning）中提到：景观研究是站在人类生存空间与视觉总体高度的研究。他认为：改善环境不仅仅是纠正由于技术与城市的发展带来的污染及其灾害，还应该是一个创造的过程，人与自然和谐地不断演进。在它的最高层次，文明化的生活是一种值得探索的形式，它帮助人类重新发现与自然的统一。

刘滨谊教授认为：景观设计是一门综合性的面向户外环境建设的学科，是一个集艺术、科学、工程技术于一体的应用型专业。其核心是人类户外生存环境的建设，故涉及的学科专业极为广泛综合，包括区域规划、城市规划、建筑学、林学、农学、地学、管理学、旅游、环境、资源、社会文化、心理等。

俞孔坚博士认为：“景观设计是关于土地的分析、规划、设计、管理、保护和恢复的科学和艺术。”景观设计既是科学又是艺术，两者缺一不可。景观设计师需要科学地分析土地、认识土地，然后在此基础上对土地进行规划、设计、保护和恢复。例如国家对濒临消失的沼泽地的恢复，对生物多样性丰富的湿地的保护，都属于景观设计的范畴。

加勒特·埃克博（Garret Eckbo）认为景

观设计是在从事建筑物道路和公共设备等设计以外的环境景观空间设计，包括地形、水体、植被、建筑及构筑物、公共艺术品等等。

由此可以看出，根据解决问题的特征、内容和尺度的不同，景观规划设计包含两个专业方向——景观规划（Landscape Planning）和景观设计（Landscape Design），它们之间始终存在着一个如何平衡、协同发展的矛盾。前者是指在较大空间尺度范围内，基于对自然和人文过程的认识，协调人与自然关系的过程，具体说是为某些使用目的安排最合适的地方和在特定的地方安排最恰当的土地利用，所以其更关注更大的土地利用和环境发展问题，更大程度上是科学的分析和理性的解决问题的过程，发展受现代科学的影响较大。而对上述这个特定地方的设计就是景观设计。

1.2.2 景观规划设计与其他相关学科的关系

景观规划设计的产生和发展有着相当深厚和宽广的知识底蕴，如哲学中人们对人与自然之间关系（或人地关系）的认识；在艺术和技能方面的发展，一定程度上还得益于美术（画家）、建筑、城市规划、园艺以及近年来兴起的环境设计等相关专业。但美术（画家）、建筑、城市规划、园艺等专业产生和发展的历史比较早，尤其在早期，建筑与美术（画家）是融合在一起的，城市规划专业也是在不断的发展中才和建筑专业逐渐分开的。

景观设计学与建筑学、城市规划、环境艺术、市政工程设计等学科有紧密的联系。如与建筑设计的区别主要是建筑师的主要职责是设计具有特定功能的建筑物；与城市规划的主要区别在于，景观设计学是物质、精神空间的规划和设计，包括城市与区域的物质、精神空间规划设计，而城市规划更着重关注社会经济和城市总体发展计划；与市政工程设计不同的地方是，景观设计学更善于综合地、多目标地解决问题，而不是单一目标地解决工程问题；与环境艺术的区别在于，景观设计学的关注点是用综合的途径解决问题，关注一个物质空间的整体设计，解决问题的途径是建立在科学理性的分析基础上的，而不仅仅是依赖规划师的艺术灵感和艺术创造。在现代社会中，所有学科发挥自己的长项，协调发展。

从学科专业角度看，建筑学、城市规划、景观建筑学经过近代百年的飞速扩展深化，已发展成各有侧重、分工明确的三位一体格局。与建筑学、城市规划相比，景观设计学的目标也是创造人类聚居环境，三个专业的核心都是将人与环境的关注处理落实在具有空间分布和时间变化的规划设计上。所不同的是专业分工：建筑学侧重于聚居空间的塑造，专业分工重在空间实体；城市规划侧重于聚居场所（社区）的建设，专业分工重在以用地、道路交通为主的人为场所规划；景观设计学侧重聚居领域的开发整治，在大范围是土地、水、大气、动植物等景观资源与环境的综合利用与再创造，在中、小范围是都市、村庄开放空间的规划设计。三者各自的核心侧重及其演变详见表 1-4：

设计学科的三位一体及其比重的演变 表 1–4

学科 / 专业	农耕文明的观念方法	工业文明的观念方法	后工业文明的观念方法
建筑学	提供人类生存的庇护所	以建设一次性完成的各类建筑为基本目标，基于物质形态和空间，用不同种类的建筑材料，以单个建筑空间的构筑为核心	以建设、管理多次性完成的各类建筑为基本目标，基于人类行为感受，开发利用多种材料，以群体建筑空间构筑为核心——生态建筑
建筑 / 城市规划	聚落的选址，范围的划定	以土地利用为前提的资源使用划分、道路空间布局为核心，对都市人口、生产、资源分布进行空间布局与发展政策导向	以人类资源与环境资源合理配置为核心的资源使用、开发、保护，对都市人口、生产、资源、环境进行空间布局与时间上的调配——生态都市
风景园林（产生于农耕文明）/ 景观设计学（产生于工业文明）	（1）作为人类精神生活的寄托和载体，各种纪念性构筑物、场所的选取与建造；（2）以个体生存为第一目标，宅前、宅后的各类植物种植、动物饲养；（3）以个体花园建造欣赏为主，核心是提供宜人的生活外部环境	以群体欣赏为主，各类公园、公共场所环境的建设，都市绿化，自然与人文景观区域的开发保护。核心是提供适合大众的户外活动空间	群体、个体欣赏兼顾，各类公园、公共场所环境的建设，都市环境的绿化、蓝化、棕化，自然与人文景观区域的开发保护。核心工作是提供、维护适合各类人的户外活动场所——生态景观

据此，可以看出设计学科发展的基本脉络：农耕文明时代，三学科所涉及的因素与面临的问题相对较为单纯，专业分工没有明显的界限，三学科是笼而统之的；工业文明时代，三学科所涉及的因素与面临的问题明显复杂起来，三专业分工界限渐趋明朗，学科分界较为显著；后工业文明时代，三学科专业所涉及的因素与面临的问题急剧增加，专业分工进一步丰富。其次，随着时代的发展，三学科在设计大学科中的比重也在变化，逐渐形成三足鼎立的局面。

按照美国景观设计师协会（American Society of Landscape Architects，缩写为 ASLA）关于景观规划设计的定义，景观作为一门界限并不明确的学科，包括了对土地和户外空间的人文艺术和科学理性的分析、规划设计、管理、保护和恢复。目前这个学科受到广泛的重视，反映了公众对居住、休闲和商务活动条件等更高的要求，以及对于环境保护越来越多的关注。

目前，景观规划设计实践的工作范围和服务内容仍然在不断地拓宽中。从规模较大的土地开发到地产项目，从公共部门、私营部门到个人，人们越来越需要来自景观设计师的专业性建议，以确保人们对土地创造性、个性化、有效性的利用。

现代城市景观设计的发展趋势是景观设计、城市规划、建筑学的逐步融合和交叉。它们在实践上有众多的交叉点，缺一不可，而且在理论上又有众多的相似之处。同时社会蓬勃发展的经济也为三者的平衡发展创造了条件，今天景观设计的重要性越来越突出，景观师在与建筑师、规划师和其他专门人才的合作过程中扮演着越来越重要的角色。在今天的社会，越来越多的设计工作需要三个行业的从业者更为紧密的合作。

1.2.3 景观规划设计目标

（1）景观规划设计的理想是创造自然与建成环境的和谐统一。景观与建筑、基础设施的连接方式以及景观设计师对自然环境和文化遗产尊重与否都关乎公众利益。

（2）公众关注的热点在于：确信景观设计师能够理解、表达个人及团体的需要，其需要包括：空间规划、设计组织、景观建设、遗产保护与复兴、自然平衡保护，以及有利于资源利用的合理土地使用规划。

（3）为了达到一个可行的且具较高水准的目标，需要通过建立一个允许国家、学校和专业组织共同评估并改进未来景观设计教育的标准，寻求有利于未来行动的共同平台。

（4）景观设计师在不同国家间频繁流动需要具备相互对应的客观标准和职业素养，互认文凭、证书和其他正式资格证明。

（5）景观规划设计学科教育培养对于未来世界的远景目标如下：

1）建立对于所有居住者而言宜人的生活质量；

2）建立一种景观规划设计干预方法，该方法应充分尊重人类对于社会、文化、自然和美学的需要；

3）建立一种生态平衡方法，以保证建成项目的可持续发展；

4）建立一种珍视、表现地方文化的公共景观。

1.2.4 景观规划设计培养目标

通过景观规划设计学习，需要景观设计从业者基本具备以下能力：

（1）发展规划景观园林形式，进行规模和规划选址。

（2）土地建设，同时设计公共基础设施。

（3）建设过程中注意可持续发展。

（4）进行雨水管理，包括花园、屋顶绿化、地下水回灌、保持湿地特性等。

（5）对公共机构、政府设施等进行景观设计。

（6）对公园、植物园、树木园、绿道进行自然保留。

（7）对康乐设施，即游乐场、高尔夫球场、主题公园和体育设施等进行景观设计。

（8）对房屋区、工业园区和商业区进行景观发展。

（9）对房地产和居住景观进行总体规划和设计。

（10）对公路、交通运输结构、桥梁、过境走廊等进行景观设计。

（11）对城市广场、海滨、行人环境、停车场实施改善，对城市进行人性化的重建规划和设计。

（12）对自然公园、旅游胜地进行景观设计，再现历史景观，开展历史园林评估和保护研究。

（13）对水库、大坝、电站、采掘业应用的填海工程，或重大工业项目进行缓解和景观延续设计。

（14）对环境进行生态评估和景观评估，同时提出土地管理建议。

（15）对沿海和近海的发展进行景观建设。

（16）在生态设计或其他任何方面设计的同时，整合本身与自然进程维持可持续发展，最大限度地减少对环境造成破坏性影响。

1.2.5 景观规划设计要素

刘滨谊教授认为，景观规划设计包含视觉景观形象、环境生态绿化、大众行为心理三大要素。

强调景观环境形象首先需要强调环境生态，首先要有足够的绿地和绿化以供群体大众使用，要有足够的场地和为大多数人所用的空间设施。

景观不仅仅是一个物质实体，更是人类生存的精神文化空间。景观空间的视觉感由人类通过记忆、联想、想象与认知理解等过程确立。

景观空间形态要素与形态美视觉有三要素，即形觉、光觉和色觉。形觉属于心理的，即感知觉。各种形状都能概括为简单的几何形状，即基本形。在进行景观设计时，应先着眼于基本形构图，在总体上把握大的形象，然后再细细琢磨。光觉和色觉是从生理反应开始的，主要基于明暗效果和色彩。

景观环境形象从人类视觉形象感受要求出发，根据美学规律，利用空间实体景物，可创造赏心悦目的环境形象。

环境生态绿化伴随着现代环境意识运动的发展愈显重要，它主要是从人类的生理感受要求出发，根据自然界生物学原理，利用阳光、气候、动物、植物、土壤、水体等自然和人工材料，研究如何保护或创造令人舒适的良好的物质环境。

大众行为心理是随着人口增长、现代信息社会多元文化交流以及社会科学的发展而注入景观规划设计的内容。主要从人类的心理精神感受需求出发，根据人类在环境中的行为心理乃至精神生活的规律，利用心理、文化的引导，研究如何创造使人赏心悦目、浮想联翩、积极上进的精神环境。

1.2.6 现代景观规划设计趋势

在风景园林发展了3000多年的基础上，景观规划设计结合地理学科、生态学科上对景观的理解和运用，结合现代需求、现代科技，呈现出现代景观规划设计发展趋势。

（1）现代景观规划设计覆盖的范围更大。在宏观上，包括土地环境生态与资源评估和规划，对规划地域自然、文化和社会系统的调查分类及分析，大地景观化，即绿化—蓝化—棕化规划，涉及环境规划的诸多工作；中观层面上，涉及场地规划、城市设计、旅游度假区、主题园、城市公园设计；而微观上的设计内容包括街头小游园、街头绿地、花园、庭院、古典园林、园林景观小品等设计。

（2）专业领域的拓展。从学科发展看，现代景观规划设计，伴随17世纪工业革命以来，人口和城市快速增长，生态系统失衡，人类居住环境的污染与破坏等问题，是适应社会快速发展需要而建立起来的一门集景观、建筑、城市、环境、艺术、地理、生物等学科于一体的综合学科，具有多学科结合的学科特点，从环境心理学、行为学理论等专业领域分析大众的多元需求和开放式空间中的种种行为现象。

（3）服务对象的拓展，更体现对人性的关怀。服务对象由以前宫廷或贵族等为代表的极少数人转向公众，同时以日常、寻常化的景观方式力争满足普通人的景观需求。

（4）在现代科技的帮助下，设计手法有拓展。如有意识地接纳相关自然因素的介入，力图将自然的演变和发展进程纳入开放的景观体系中；现代环境艺术、装置艺术、多媒体艺术等与景观的结合，使景观更显时代性。

（5）更强调场地与地域性。场地的自然与文化遗产，自然过程和格局，场地所在地域的自然和文化特征，都使新的设计带上不可抹去的烙印。保留、再利用再生场地中的一切景观元素和材料，并使它们发挥新的实用与审美功能，是新设计的基础，哪怕是野草和生锈的机器，都在表达场地对设计的要求。

（6）更强调与生态环境的呼应。顺应自然过程，尽量让自然做功，利用乡土材料和本土植物，使新的设计对环境的影响达到最少，并有利于生态条件的改善。

1.3 景观设计师

1.3.1 景观设计师

景观设计师（Landscape Architect）作为一种职业称号最早于1858年由美国景观设计学之父奥姆斯特德（Frederick Law Olmsted）提出。1863年正式成为一种职业的称号，第一次在纽约公园中使用。如今的主要英文工具书中，“Landscape Architecture”词条的解释都是依附于“Landscape Architect”的，即定义其为景观设计师所从事的职业。

1980年6月1日，美国风景园林师学会的一份调查中提出：“景观设计师是景观的规划和设计者，他们将人类需求和生态需求结合在一起，创造其间的基本平衡。他们在工作中考虑合理用地和审美要求。”

1977年，西蒙兹在其经典著作《景观设计》（Landscape Architecture）一书中表明：“我们可以说景观设计师的终生目标和工作就是帮助人类，使人、建筑物、社区、城市以及他们的生活同生命的地球和谐相处。”

所以，景观设计师是以景观的规划设计为职业的专业人员，其终身目标是将建筑、城市和人的一切活动与生命和谐相处。

这一定义是对该职业内涵和外延意义深远的扩充和革新。它表明景观设计师所要处理的对象是土地综合体的复杂综合问题，绝不是单一层面的；景观设计师所面临的问题是土地、人类、城市和土地上的一切生命的安全与健康以及可持续的问题，景观设计师以土地的名义，以人类和其他生命的名义，以及以人类历史与文化遗产的名义，来监护、合理地利用、设计脚下的土地以及土地上的空间和物体。

在中国，景观设计师从事的工作领域涉及环境景观建设的诸多要素，是对城市环境的精雕细琢，他们需要懂得城市规划、生态学、环境艺术学、建筑学、园林工程学、植物学，以及人文心理学、社会科学等方面的知识。同时，还需不断思考如何将有限的空间与绿化有机结合，创造出既符合市民审美需求、休闲需求，又可治理环境的精品；在坚持经济性、适用性原则的同时，关注中国传统文化与现代艺术的结合，将文化、环保、生态、可持续性相融合。所以，景观设计师需要具备深厚的文化素养，独特的审美情趣，娴熟的技术功底，专业的技能操作。

1.3.2 景观设计师的职责

（1）景观设计师应成为建筑设计、生态规划设计、市政交通设计等多学科综合处理土地问题的指挥者和协调者，成为现代城市发展和建设的领导者。

（2）设计项目涉及领域向大尺度的区域综合发展规划、生态环境保护规划、风景名胜区规划等领域迈进。景观师真正成为土地的监护者与合理开发的研究者。

（3）创造人性化和功能性的公共空间，继续发挥景观设计在诞生之初即被赋予的使命和职责。

1.3.3 景观设计师的职业需求

（1）对景观具有敏感性。

（2）对艺术具有理解能力和人性化的设计方法。

（3）具有对设计和实物形式方面的问题进行分析的能力。

（4）能在专业的各个方面进行实践，包括管理和职业道德的技能。

第 2 章
景观体系划分及特点

景观体系的划分，是以世界文化体系为标准的；世界景观体系因不同的民族文化，不同的地域，经过不同的发展历程而形成不同的形式，主要包括欧洲系统、西亚系统和东亚系统。其中，欧洲系统主要包括英国风景式园林、法国古典主义园林、古罗马园林等，西亚系统主要包括莫卧尔园林、西班牙伊斯兰园林、波斯伊斯兰园林等，东亚系统主要包括中国北方园林、中国南方园林、日本园林等。

在现代，由于社会发展、不同需求、技术进步等原因，景观规划设计体现出多元化的风格。

2.1 欧洲系统

欧洲园林以古埃及和古希腊园林为渊源，以法国古典主义园林和英国风景式园林为优秀代表，以规则式和自然式园林构图为造园流派，分别追求人工美和自然美的情趣，艺术造诣精湛独到，为西方世界喜闻乐见的园林。

欧洲的造园艺术有三个重要的时期：从16世纪中叶往后的100年，是意大利领导潮流；从17世纪中叶往后的100年，是法国领导潮流；从18世纪中叶起，领导潮流的是英国。法国的奢华与浪漫，意大利的热情与理想，英国的优雅与自然都深深影响了整个欧洲的园林发展，园林类型主要分为宗教寺院庭园和城堡庭园两种不同的类型。两种庭园开始都以实用性为主，随着时局趋于稳定和生产力不断发展，园中装饰性与娱乐性也日益增强。而园林的实用性则更多地体现在皇家园林的建造中。15世纪初叶，意大利文艺复兴运动兴起。欧洲园林逐步从几何型向巴洛克艺术曲线形转变。文艺复兴后期，甚至出现了追求主观、新奇、梦幻般的“手法主义”的表现。中世纪结束后，在罗马帝国的本土——意大利，仍然有许多古罗马遗迹存在，时刻唤起人们对帝国辉煌往昔的记忆，使古典主义成为文艺复兴园林艺术的源泉。

欧洲景观体系的特点如下：

（1）建筑统帅景观；

（2）景观整体布局呈现严格的几何图形；

（3）大面积的草坪处理；

（4）追求整体布局的对称性；

（5）追求形似与写实。

2.1.1 台地园（公元15～17世纪）

台地园为欧式园林重要分类，最早出现在意大利。因为意大利半岛三面濒海而又多山地，所以建筑大多依山势而建，在建筑前面引出中轴线开辟出一层层台地，分别配以平台、水池、喷泉、雕像等；然后在中轴线两旁栽植高耸的植物如黄杨、杉树等，与周围的自然环境相协调。当意大利台地园传入法国后，因法国多平原，有着大片的植被和河流、湖泊，因此该风格的园林则设计成为平地上中轴线对称整齐的规则式布局。

在园林和建筑关系的处理上，台地园开欧洲体系园林宅邸向室外延伸的理论先河。它的中轴通常以山体为依托，贯穿数个台面，经历数个高差形成跌水，完全摆脱了西亚式平淡的涓涓细流的模式，显现出欧洲体系特有的宏伟壮阔气势。而且庄园的轴线设计不只一两条，而是几条轴线，或垂直相交，或平行并列，甚至还有呈放射状排列的。

这个时期重要的造园师主要包括多拉托•布拉曼特与拉斐尔。

主要的代表作品为三大著名庄园：兰特、埃斯特、法尔奈斯庄园。

台地园的主要特征为：

（1）多建于山坡上，依山就势辟成台层，形成台地园。

（2）布局严谨，有明确的中轴线贯穿全园。

（3）建筑常位于中轴线上，通常位于最高层。

（4）水景、雕塑等为轴线上的主要装饰，以加强透视线。

（5）注重借景及透视线的应用。

（6）台地园林的理水技术发达，以水为主体形成多姿多彩的水景，如水风琴、水剧场，多利用流水穿过管道，或跌水与机械装置的撞击产生悦耳的音响声。

（7）植物以绿色为基调，避免色彩鲜艳的花卉，植物配置中轴线两侧多为规则式，离中轴线渐远自然式增强；多将密植的常绿植物修剪成高低错落的绿篱、绿墙、剧场的舞台背景、绿色壁龛等。

意大利埃斯特庄园（图2-1）作为台地园的典范，与兰特庄园、法尔耐斯庄园并列文艺复兴三大名园。变化多姿、长愈百米、清流跌宕的3层百孔雕塑喷泉，经过5个世纪的悠长时间，涤尽冷涩的石感，青苔、蕨草遍布，绿意葱茏，生趣盎然，至今依然是世界园林的经典美景之一。

埃斯特庄园以其突出的中轴线，加强了全园的统一感。庄园因其丰富的水景和水声著称于世。园内没有鲜艳的色彩，全园笼罩在绿色植物中，给各种水景和精美的雕塑创造了良好背景，给人留下极为深刻的印象。

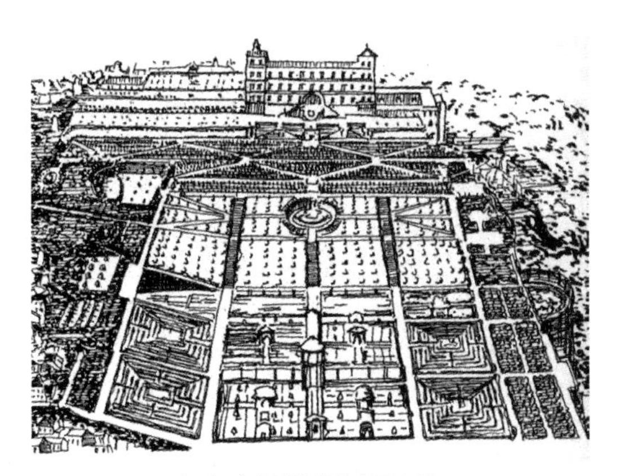

（a）意大利埃斯特庄园鸟瞰

（b）百泉路喷泉，长达130m，是千泉宫的精华

图2-1 意大利埃斯特庄园（一）

（c）管风琴喷泉

（d）喷泉

图2-1 意大利埃斯特庄园（二）

2.1.2 法国古典主义园林（公元17世纪）

法国古典主义园林，着重表现的是路易十四统治下的秩序，体现庄重典雅的贵族气势，具有完全人工化的特点。它力求严格按照几何原则布置城市，从而导向古典主义。这类园林广袤无垠的手法是体现园林规模与空间尺度的最大特点，追求空间的无限性，因而具有外向性的特征。同时强化有秩序、有组织、永恒王权至上的要求，强调对称和协调，强调轴线，强调主从关系。

法国古典主义园林代表人物是勒诺特。勒诺特是路易十四时期的宫廷造园家，才华横溢，后世称为“宫廷造园家之王”。1613年生于巴黎的园林世家，祖父是宫廷造园家，父亲是宫苑管理人。他使法国园林获得了前所未有的发展，取代意大利园林而风靡整个欧洲。

这个时期最主要的代表是凡尔赛宫苑（图2-2）和沃—勒—维贡特府邸花园（图2-3），均由勒诺特设计和主持建造。法国古典园林的主要特征为：

（1）以庄重典雅风格，表现皇权至上的主题；

（2）园林气势恢弘，视线开阔，具有外向性特点；

（3）以建筑为中心，并通常位于最高处；

（4）花坛、雕像、泉池集中布置于中轴线上，如图2-3（b）所示；

（5）水景以静水为主，体现辽阔、平静、深远的气势；

（6）植物配置方面多选用阔叶乔木，以丛植为主，模纹花坛多使用花卉。

图2-2 凡尔赛宫苑

（a）鸟瞰

（b）花园中轴路两侧，草坪花坛围绕的椭圆形水池

（c）花园全景

图2-3 沃—勒—维贡特府邸花园

2.1.3 英国风景式园林（公元18世纪）

英国自然风景园指英国在18世纪发展起来的自然风景园。这种风景园以开阔的草地、自然式种植的树丛、蜿蜒的小径为特色，与园外环境结为一体，又便于利用原始地形和乡土植物，所以被各国广泛地用于城市公园，也影响现代景观规划理论的发展。

18世纪英国自然风景园林的出现，是西方园林艺术领域内一场极为深刻的革命。其作为欧洲规则式园林和自然式园林的分水岭，对欧洲乃至世界园林景观发展起到了里程碑的作用，直至今天仍对世界园林艺术产生着重要的影响。英国自然风景园林在内容上摆脱了园林就是表现人造工程之美，表现人工技艺之美的模式，形成了以形式自由、内容简朴、手法简练、美化自然等为特点的新风尚。

英国人崇尚自然，园林以植物材料为主体，在生物学的基础上发展不同主题的专类园。景物有地形起伏的大草原、自然形式的水池、孤植树、树丛与森林、小径与曲路等。园林表现森林、草原及牧地的风光，善于运用透景线、对景与借景等手法。建筑物同自然景观不协调之处，采用植物来隐蔽或过渡，形成英国风景式园林的风格。

这一时期主要代表作品如下：

（1）查兹沃斯花园（Chatsworth Park）

查兹沃斯花园（图2–4）是英国著名的府邸和庄园，坐落于德比郡层峦起伏的山丘上，德文特河从中间缓缓流过。查兹沃斯花园始建于1555年，由伯爵夫人及她的第二任丈夫修建。此后，查兹沃斯花园作为世袭领地至今已有450多年，是英国历史最为悠久的庄园之一。庄园的鹿栅绵延，将400多公顷的广阔草场围绕其中。当年玛丽王后曾被伊丽莎白女王囚禁于此，为了保证营救者不能靠近，庄园不仅形成三面环水的格局（图2–5），而且内部还建设了围墙，用以围合占地42hm^2的庭园。

查兹沃斯花园是英国重要的文化遗产。庄园的内墙和宅子上的尖塔是英国女王伊丽莎白一世时代的遗迹。在随后的4个世纪中，庄园的景观经过多次改造，融合了诸多时代设计师个人的艺术风格，现存的景观是4个半世纪以来各种造园风格的混合产物，查兹沃斯花园见

图2–4 查兹沃斯花园

图2–5 环绕查兹沃斯花园的水带

证了英国园林艺术的发展历史。

（2）布伦海姆园（Blenheim Palace）

被誉为英国最美丽的风景的布伦海姆园(图2-6)，又称丘吉尔庄园，距离牛津有8英里。

布伦海姆园始建于1705年，经英国议会拨款，由当时的英国女王赐予马尔伯罗一世公爵约翰·丘吉尔（温斯顿·丘吉尔的祖先），以表彰他在1704年8月对法国的布伦海姆战役中所取得的辉煌战绩。这座号称可以与英国王宫媲美的庄园占地2100英亩，在设计上基本沿袭16世纪伊丽莎白时期的文艺复兴和哥特风格，园内设有庭院、花园、露台、湖泊和喷泉等。全部工程耗时17年。

以布伦海姆宫为轴心的庞大宫殿式建筑群是丘吉尔庄园的中心（图2-7）。这里珍藏着诸多油画、雕塑、精美瓷器和大量珍贵的实物和照片，还有部分丘吉尔晚年的画作。宫殿外有著名意大利雕塑家贝尔尼尼（Bernini，1598～1680年）设计的水神喷泉，英国建筑大师约

图2-6　风景如画的布伦海姆园

图2-7　布伦海姆园鸟瞰

图2–8　布伦海姆园里的几何形花坛、天然湖泊

翰・范布勒爵士（Sir John Vanbrugh，1664 ~ 1726 年）亲自设计的巨大几何形花坛，还有天然湖泊、草场和瀑布等（图 2–8）。整个庄园虽然加入很多人工景色，却无处不渗透着田园般的自然风光，足见设计者的匠心独具。

1. 主要设计手法

英国风景式园林在选址上，特别是在 18 世纪，自然风景园选址多为宫苑附近的大片空地，这样既方便皇室贵族享用，又不受场地限制，可创造出开阔宜人的园林景观。

在布局上，园林中尽可能避免直线条、几何形状及中轴对称等规则形式。完全取消了花园和林园的界限，大片的缓坡草坪成为花园的主体，甚至一直延伸到建筑物外围。保留原有天然的缓坡草地景观，并利用地形阻隔视线，全园只有主要景区而无明显的轴线。建筑物在总体布局中不再起主导作用，并很好地与自然环境衔接、融合在一起。水体设计成完全自然式的曲线驳岸，构成平静、镜面似的效果。

设计手法上，园林设计上的自由灵活、不守定式是英国园林有别于意大利和法国园林的特殊之处。英国这种自然式的设计可分为两个类型，一是不完全的自然式，二是完全的自然式。自然式的设计为园林师们提供了广阔的创作舞台，使他们可以更好地图解和诠释他们各自的审美理念，创造和描绘出他们心中的美景。

在造园要素上，英国自然风景式造园基本要素是大面积的森林，大片不规则式栽植的树木，丘陵起伏的草地，潺潺流水，自然式的水面及树荫下小路的组合等。隐垣也被广泛应用，它是在园边不筑墙而挖一条宽沟，这既可限定园林范围又可防止园外的牲畜进入园内，并使园内园外视线没有阻隔，视觉上扩大了园区范围。布里奇曼和布朗都曾使用过这种元素。到庄园园林化和图画式园林时期，大量建筑小品的运用也成为重要的造园要素。

该时期代表人物布里奇曼（Charles Bridgeman，？ ~ 1738 年）将规则式园林与曲线形道路结合，放弃植物雕刻形式。威廉・肯特（William Kent，1686 ~ 1748 年）为摆脱规则式园林的第一位造园家，认为自然是厌恶直线的，摒弃一切规则式设计，造园标准是模仿自然、再现自然。布朗（Lancelot Brown，1715 ~ 1783 年），被称为“大地改造者”，尽量避免人工雕琢痕迹，以自由流畅的湖岸线、平静的水面、缓坡草地、起伏地形上散植的树木为特色。威廉・钱伯斯（William Chambers，1723 ~ 1796 年）认为园林更要注重内容，造园不仅要改造自然，还应体现渊博素养和艺术情操。雷普顿（Humpbrey Repton，1752 ~ 1818 年）认为自然式园林应避免直线，但反对任意弯曲的线条，主张建筑与

图2-9 斯陀园中的帕拉第奥式桥梁

图2-10 斯陀园中的水景、草坪和仿罗马式的道德庙

图2-11 尼曼斯中的道路两侧大量的珍贵花草植物

自然之间的过渡，重视植物群落的设计，强调园林要注意光影效果，提出园林与绘画的不同。他认为园林是动态的，绘画是静态的，其视野更开阔，光影、色彩会随着季节、气候而变，且需要满足实用需求。

该时期代表作品有：查兹沃斯风景园、丘园（Royal Botanic Gardens，Kew）、斯陀园（Stowe Park，图 2-9、图 2-10）、尼曼斯（Nymans park，图 2-11）。

2. 英国风景园的主要特征

（1）开阔并有起伏地形的草地；

（2）自然式种植的树丛；

（3）蜿蜒曲折的小径；

（4）自然弯曲的湖岸。

3. 主要景观元素的运用

（1）植物

虽然原产于英国本土的开花植物只有约1300 种，但气候的独特性使这里生长的植物比欧洲任何国家都多，在英国的园林中生长着多种植物及其栽培品种。植物种类的多样化再加上英国人对植物的喜爱，使植物成为英国风景园林中的主角，也是造景的重要材料和手段。

1）对大面积草地的运用。由于英国畜牧业较为发达，人们对具有田园诗般浪漫景色的天然牧场情有独钟，所以绿毯般的草地，便被

图2-12 布伦海姆宫苑中绿毯般的草地

图2-13 斯图海德园的花卉园

铺进了每个角落，除了园中路和水面以外，甚至铺进了林间（图 2-12）。

2）树木的运用。高大的乔木和低矮的灌木都是英国园林造景的重要素材。它或蜿蜒成一体或被溪流、河水等分割成若干段。

3）花卉的运用。花卉是英国园林中不可缺少的植物材料，英国人对花卉的喜爱达到了如醉如痴的程度，这既与他们的民族传统有关，也与英伦三岛夏日多阴霾相关。在风景园林中花卉的运用主要有两种形式：一是在府邸周围建有小型的花卉园，花卉被种植在花池中，一池一品，一池一色，花卉园的四周以灌木相围（图 2-13）；二是在风景园的小径两侧（图 2-11），时常用成带状的花卉进行装饰，有时则成片地混种在一起，以期达到天然野趣的效果。

4）水生植物的运用。在风景园的池塘、湖边、河旁等水体的一隅，常种植一些水生植物。这既生动和美化了水景，增加了水景的野趣，也与光顾其间的各种水禽、水鸟构成了一幅和谐的画面（图 2-13）。

（2）建筑

建筑是英国风景园林的重要构园和构景要素，它打破了法国园林中建筑统率全园的一贯做法，而只起点缀风景，或供游客驻足赏景、小憩娱乐之用。

园林中有大量各类亭阁的运用，它是在数量上仅次于神庙的另一类建筑小品。英国园林中的亭子多为圆形，由若干圆柱相围，顶部为一个圆拱顶。亭子中央多安放一尊大理石雕像，常以维纳斯像为主。亭子常位于地势较高处，而阁则是介于亭与庙之间的一类建筑，它没有神庙那种庄重神圣之感，又较亭子复杂一些，形式多样，既活泼又优美。

各类碑牌的运用也是这类园林的特点。这既有缅怀先人、感怀历史之意，也有追求一丝愁绪、营造浪漫氛围之意，给人以自由想象的空间。恰如查尔斯所说“古树颓垣让人感到韶光易逝，深不可测，更令我们的想象回到往昔”。

除此之外，在园林中常将自然的溪流、河道进行处理，使流水的形式更加优美，更适宜观赏。这种蜿蜒流淌的线形水体，给风景园增加了变化，增加了灵性。

2.1.4 古罗马园林（公元前9世纪）

古罗马园林早期以实用为主要目的，包括果园、菜园和种植香料调料的园地，后逐渐增强其观赏性、装饰性和娱乐性。在设计手法上，古罗马园林被视为宫殿和住宅室外的外延部分，在规划上采用建筑的营造方式，体现井然有序的人工美。

1. 古罗马园林风格与特征

（1）古罗马时期园林以实用为主要目的，包括果园、菜园和种植香料、调料的园地，后期学习和发展古希腊园林艺术，逐渐加强园林的观赏性、装饰性和娱乐性。

（2）由于罗马城一开始就建在山坡上，夏季的坡地气候凉爽，风景宜人，视野开阔，促使古罗马园林多选择山地，辟台造园。

（3）罗马人把花园视为宫殿、住宅的延伸，同时受古希腊园林规则式布局影响，因而在规划上采用类似建筑的设计方式，地形处理上也是将自然坡地切成规整的台层，园内的水体、园路、花坛、行道树、绿篱等多采用几何外形，无不展现出井然有序的人工艺术魅力。

（4）古罗马园林非常重视园林植物造型，把植物修剪成各种几何形体、文字和动物图案，称为绿色雕塑或植物雕塑（图2–14）。黄杨、紫杉和柏树是常用的造型树木。

（5）古罗马园林中设置有蔷薇园、杜鹃园、鸢尾园、牡丹园等专类植物园，另外还有“迷园”。迷园图案设计复杂，迂回曲折，扑朔迷离，娱乐性强，后在欧洲园林中很流行。

（6）古罗马园林中常见乔灌木有悬铃木、白杨、山毛榉、梧桐、槭、丝杉、柏、桃金娘、夹竹桃、瑞香、月桂等，果树按五点式栽植，呈梅花形或“V”字形，以点缀园林建筑。

（7）古罗马园林后期盛行雕塑作品，从雕刻栏杆、桌椅、柱廊到墙上浮雕、圆雕，为园林增添艺术魅力。

（8）古罗马横跨欧、亚、非三大洲，它的园林除了受到古希腊影响外，还受古埃及和中亚、西亚园林的影响，如古巴比伦空中花园、猎苑，美索不达米亚的金字塔式台层等。

2. 古罗马园林分类及特点

古罗马园林可主要分为宫苑园林、别墅庄园园林、中庭式庭园（柱廊式）园林和公共园

图2–14 柱廊园的雕塑

林四种类型。

（1）宫苑园林

在古罗马共和国后期，罗马皇帝和执政官选择山清水秀、风景秀美之地，建筑了许多避暑宫苑。其中，以皇帝哈德良（Publius Aelius Hadrianus，公元117～138年在位）的山庄最有影响，是一座建在蒂沃利（Tivoli）山谷的大型宫苑园林。

哈德良山庄（图2–15）占地760英亩，位于两条狭窄的山谷间，地形起伏较大。山庄的中心区为规则式布局，其他区域如图书馆、画廊、艺术宫、剧场、庙宇、浴室、竞技场、游泳池等顺应自然，随山就水布局。园林部分富于变化，既有附属于建筑的规则式庭园、中庭式庭园（柱廊园），也有布置在建筑周围的花园。花园中央有水池，周围点缀着大量的凉亭、花架、柱廊、雕塑等，饶有古希腊园林艺术风味。

整个山庄以水体统一全园，有溪、河、湖、池及喷泉等。园中有一半圆形餐厅，位于柱廊的尽头，厅内布置了长桌及榻，有浅水槽通至厅内，槽内的流水可使空气凉爽，酒杯、菜盘也可顺水槽流动，夏季还有水帘从餐厅上方悬垂而下。园内有一座建在小岛上的水中剧场，岛中心有亭、喷泉，周围是花坛，岛的周边以柱廊环绕，有小桥与陆地相连。

在宫殿建筑群背后，面对山谷和平原，延伸出一系列大平台，设有柱廊及大理石水池，形成极好的观景台。在山庄南面的山谷有称为“卡诺普”的景点，是哈德良的宴会场所。

（2）别墅庄园园林

古罗马人吸收希腊文化的同时，也促进

（*a*）哈德良山庄遗址鸟瞰

（*b*）哈德良山庄的海上浴场遗址

（*c*）哈德良山庄鸟瞰图

图2–15　哈德良山庄

了别墅庄园的流行。当时著名的将军卢库卢斯（Lucius Lucullus，公元前 106 ~ 前 67 年）被称为贵族庄园的创始人。著名的政治家与演说家西赛罗（Mavcus Tullius Cicero，公元前 106 ~前 43 年）提倡一个人应有两个住所，一个是日常生活的家，另一个就是庄园，成为推动别墅庄园建设的重要人物。

作家小普林尼（Gaius Plinius Caecilius Secundus，约 62 ~ 115 年）曾翔实地记载自己的两座庄园，即洛朗丹别墅庄园和托斯卡纳庄园。

1）洛朗丹别墅庄园（Villa Laurentin）

洛朗丹别墅庄园（图 2–16）建在奥斯提（Ostie）东南约 10km 的拉锡奥姆（Latium）的山坡上，距罗马 27km，背山面海，交通十分便利。入园后可见美丽的方形前庭，半圆形的小型列廊式中庭，然后是一处更大的庭院。院子尽头是一座向海边凸出的大餐厅，从三面可以观赏不同的海景。透过二进院落和前庭回望，可以眺望远处的群山。

别墅附近有网球场，两侧是二层小楼和观景台。登临其上，可以远观青山碧波，近瞰美丽的花园。园路围以黄杨、迷迭香等草木，其中有大面积的无花果、葡萄棚架和桑树园。

2）托斯卡纳庄园（Villa Pliny at Toscane）

托斯卡纳庄园（图 2–17），周围群山环绕，绿荫如盖，依自然地势形成巨大的阶梯剧场。远处的山丘上是葡萄园和牧场，从那里可以俯瞰整个庄园。

别墅前面布置一座花坛，环以园路，两边有黄杨篱，外侧是斜坡；坡上有各种动物的黄杨造型，其间种有各色花卉。花坛边缘的绿篱

（a）洛朗丹别墅庄园透视复原图

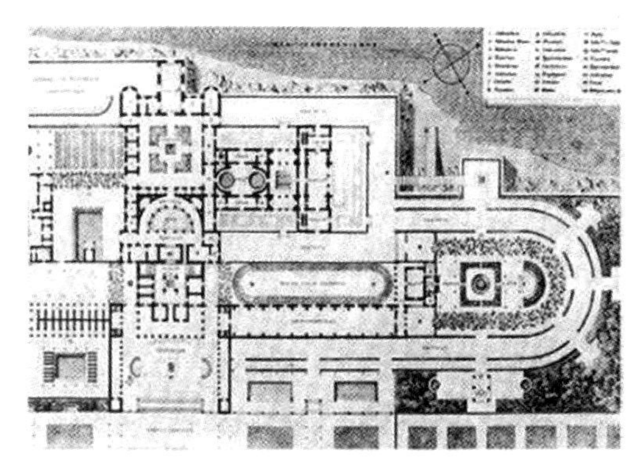

（b）洛朗丹别墅庄园平面复原图

（c）洛朗丹别墅庄园剖面复原图

图2–16 洛朗丹别墅庄园

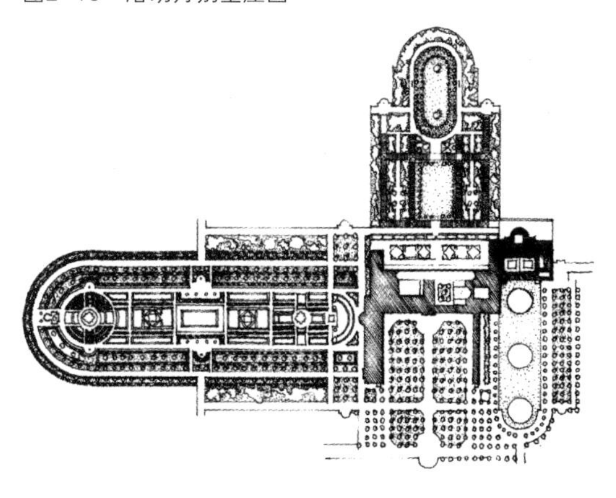

图2–17 托斯卡纳庄园平面图

图2-18 韦蒂列柱围廊式庭院

修剪成各种不同的栅栏状。园路的尽头是林荫散步道，呈运动场状，中央是上百种不同造型的黄杨和其他灌木，周围有墙和黄杨篱。花园中的草坪也经过精心处理。此外，还有果园，园外是田野和牧场。

别墅建筑入口是柱廊。柱廊一端是宴会厅，门厅对着花坛，透过窗户可以看到牧场和田野风光。柱廊后面的住宅围合出托斯卡纳的前庭。还有一处较大的庭园，园内种有四棵悬铃木，中央是大理石水池和喷泉，庭园内阴凉湿润。庭园一边是安静的居室和客厅，还有一处厅堂就在悬铃木下，室内以大理石做墙裙，墙上有绘制着树林和小鸟的壁画。厅的另一侧还有小庭院，中央是盘式涌泉，带来欢快的水声。

柱廊的另一端，与宴会厅相对的是一个很大的厅，从这里可以欣赏到花坛和牧场，还可以看到大水池，水池中巨大的喷水，像一条白色的缎带，与大理石池壁相互呼应。

园内有一个充满田园风光的地方，与规划式的花园产生强烈对比。在花园的尽头，有一座收获时休息的凉亭，四根大理石柱支撑着棚架，下面放置白色大理石桌凳。当在这里进餐时，主要的菜肴放在中央水池的边缘，而次要的盛在船形或水鸟形的碟上，搁在水池中。

（3）中庭式庭园（柱廊园）

古罗马庭园通常由三进院落组成，第一进为迎客的前庭，第二进为列柱廊式中庭，第三进为露坛式花园，是对古希腊中庭式庭园（柱廊园）的继承和发展，近代考古专家从庞贝城遗址发掘中证实了这一点。潘萨（Pansa）住宅是典型的庭园布局；韦蒂（Vettii）住宅前庭与列柱廊式中庭相通（图2-18）；弗洛雷（Flore）

住宅则有两座前庭，并从侧面连接；阿里安（Arian）住宅内有三个庭院，其中两个都是列柱廊式中庭。

（4）公共园林

古罗马人从希腊接纳体育竞技场设施，并把它变为公共休憩娱乐的园林。在椭圆形或半圆形的场地中心栽植草坪，边缘为宽阔的散步马路，路旁种植悬铃木、月桂，形成浓郁的绿荫。公园中设有小路、蔷薇园和几何形花坛，供游人休息散步。

古罗马的浴场遍布城郊，除建筑造型富有特色、引人注目外，还设有音乐厅、图书馆、体育场（图2-19）和室外花坛，实际上也成为公共娱乐的场所。剧场十分壮丽，周围有供观众休憩的绿地，有些露天剧场建在山坡上，利用天然地形和得天独厚的山水风景巧妙布局，令人赏心悦目。

古罗马的公共建筑前都布置有广场（Forum），成为公共集会的场所，也是美术展览的地方。人们在这里休憩、娱乐、社交等，使它成为后世城市广场的前身。

图2-19 庞贝比赛场

图2-20 空中花园想象图

2.2 西亚系统

西亚地区的叙利亚和伊拉克是人类文明的发祥地之一。早在公元前3500年时，已经出现了高度发达的古代文化。奴隶主在宅园附近建造各式花园，作为游憩观赏的乐园、奴隶主的私宅和花园。园林一般都建在幼法拉底河沿岸的谷地草原上，引水注园。花园内筑有水池或水渠，道路纵横方直，花草树木充满其间，布置整齐美观。基督教《圣经》中记载的伊甸园被称为“天国乐园”，就在叙利亚首都大马士革城附近。

在公元前2000年的巴比伦、亚述或大马士革等西亚广大地区有许多美丽的花园。尤其距今3000年前新巴比伦王国宏大的都城有五组宫殿，不仅异常华丽壮观，而且在宫殿上建造了被誉为世界七大奇观之一的“空中花园”（图2-20）。

2.2.1 莫卧尔园林（1526～1858年）

在中世纪后期，伊斯兰文化进入印度，并且发展迅速，形成了以印度教、伊斯兰教为主的宗教体系。特别是在1526年，随着穆斯林军队的东征，来自蒙古的巴布尔建立了卧莫尔王朝，使得穆斯林建筑在印度的发展达到顶峰。

所以，卧莫尔园林是结合伊斯兰教风格和波斯风格的印度规则式园林。莫卧儿王朝自称是印度规则式园林设计的导入者。莫卧尔帝国的领导人巴布尔带来了波斯风格的园林，建于1528年阿格拉、朱木拿河东岸的拉姆巴格园即是一例。

莫卧尔园林和其他伊斯兰园林的一个重要区别在于不同植物的选择上。由于气候条件不同，莫卧尔园林中有多种较高大的植物，但较少开花植物。伊斯兰园林通常如沙漠中的绿洲，因而具有多花的低矮植株。

莫卧尔人在印度主要建造了两种类型的园林：其一是陵园，位于印度的平原上，通常建造于国王生前，当国王死后，其中心位置作为陵墓场址并向公众开放。陵园的最佳实例是闻名世界的泰姬陵（图2-21）。其二是游乐园，这种庭园中的水体比陵园更多，且通常不似水池般呈静止状态。游乐园中的水景多采用跌水或喷泉的形式。游乐园也有阶地形式，如克什米尔的夏利马庭园（图2-22）即是莫卧尔游乐园的典型案例。

在印度伊斯兰园林中，有与印度模式相混合的伊斯兰几何形。例如，叶片图案在埃及象征着生命的起源，而在印度则是宇宙的符号。斯利那加的庭园位于达尔湖的东北部，竣工于1619年。该园呈阶地状，并分为三部分，一处供妇女使用，一处供国王使用，还有一处供公众使用。妇女的活动通常是隐蔽的，她们的庭园处于最上层，以提供最大私密性和最好的视野。1630年，沙贾汉在妇女庭园的中心增加了一个凉亭，成为建筑趣味中心。距夏利马庭园不远处是尼夏特巴格园，该园亦为阶地状，最初12个层次，并有一条狭长的水渠联系着不同层面。尼夏特巴格园以其场地规划著称。在台地后方，可饱览壮观的群山风景。在轴线另一端则是一个湖泊。花园的场址非常理想，既便于观景，又与园外景致完美融合。

图2-21　泰姬陵

图2-22　夏利马庭园图

2.2.2 伊斯兰园林（公元5～15世纪）

伊斯兰园林是古代阿拉伯人在吸收两河流域和波斯园林艺术基础上创造的，以幼发拉底、底格利斯两河流域及美索不达米亚平原为中心，以阿拉伯世界为范围，以叙利亚、波斯、伊拉克为主要代表，影响到欧洲的西班牙和南亚次大陆的印度，是一种模拟伊斯兰教天国的高度人工化、几何化的园林艺术形式。阿拉伯人原属于阿拉伯半岛，7 世纪随着伊斯兰教的兴起，阿拉伯人建立了横跨欧、亚、非的阿拉伯帝国，形成了以巴格达、开罗、科尔多瓦为中心的伊斯兰文化，伊斯兰园林形式随之遍及整个伊斯兰世界。

受地域、气候条件及本土文化影响，伊斯兰园林大多呈现独特的建筑中庭形式，也因如此，在世界园林史上，伊斯兰传统园林可谓最为沉静而内敛的庭园。

美国得克萨斯州科技大学环保规划系教授萨菲•哈迈德曾对伊斯兰园林有过如下评价："伊斯兰园林反映了穆斯林的信仰和思维，用具体的物质表现出人类看不到的许多象征物，这些是真主大能的迹象。纵观各国现代的园林设计，任何背离这些根本原则的创意，必然表现空泛，平淡无奇，死气沉沉，因为失去人类价值的生命力。世界各地的伊斯兰园林，都集中表现一个主题：敬畏独一无二的真主，这样形成的思想凝聚力和生命力，任何其他思想的园林艺术非能望其项背。"

在整个伊斯兰历史的长河中，各地穆斯林社会都创建了具有环保性质的建筑物，伊斯兰园林是城市环保的一个重点项目。西从西班牙大草原起，直到东方许多伊斯兰国家首都，到处都有美丽的伊斯兰式园林，如撒马尔罕、伊斯法罕、设拉子和亚格拉。

伊斯兰园林，有悠久的历史和天人合一的传统，园林设计独具匠心，体现了人对真主造化的大自然的热爱。各国历代的园林家们，利用石块、水域和植物为基本素材，巧妙搭配，严密布局，制造了一个又一个与众不同的人间天堂。这个传统从来没有间断过，显而易见的伊斯兰化园林，表现了特异功能，不但使人赏心悦目、心旷神怡，而且从中体会到真主的造化和仁慈。

伊斯兰园林艺术有其特别的气质，在历史上传播到东西南北许多国家，但不论在哪里，都保持着统一特征，专家们一眼就能识别，如印度的泰姬陵和西班牙的阿尔罕布拉宫。

伦敦王子传统艺术学院的高级讲师艾玛•克拉科说："在我们这个多元化的世界上，伊斯兰园林艺术一枝独秀，不但能代表伊斯兰的信仰美学，承担起世界文化大使的使命，也是当代世界文明的桥梁。"

1. 伊斯兰园林主要特征

伊斯兰园林中，大多由方形或十字形的水渠及植栽，划分为 4 个主要分块。原因是在《古兰经》中，描写幸福的天国有 4 条河，分别是水河、酒河、乳河、蜜河。

以 4 个主要地块为基础，伊斯兰园林通常形成明确的总体结构，这在泰姬陵园中显露无遗。伊斯兰园林内的凉亭、树木、植物和灌木都经过认真设置，以强化主体。

水体是这类园林中采用的景观元素，使其既起到降温消暑的作用，也发挥其景观效应。园中的水倒映建筑，增强装饰主题，强调视觉轴线。

伊斯兰园林通常面积较小，建筑封闭，十字形的林荫路构成中轴线，封闭建筑与特殊节水灌溉系统相结合。在园林中心，即十字形道路交会点布设水池，象征天堂。园中沟渠明暗交替，盘式涌泉滴水，又分出几何形小庭园，每个庭园的树木相同。

建筑普遍采用有独特轮廓形式的券拱作为结构形式，表面多采用马赛克、琉璃、石膏等材料。

彩色陶瓷马赛克图案在庭园装饰中广泛应用。

园中大量采用阿拉伯题材的文字、图案作为装饰。

2. 伊斯兰园林分类及主要特点

（1）西班牙伊斯兰园林

公元 640 年，阿拉伯帝国在攻占叙利亚之后，阿拉伯人向埃及进军。此后，他们便期盼着在西班牙扩展自己的宗教势力范围。公元 711 年，原在基督徒统治下的安大路西亚被摩尔人征服，这即是西班牙伊斯兰的开始。通过在科尔多瓦和格拉纳达兴建大型宫殿和清真寺，摩尔人逐渐控制了西班牙南部。摩尔人对户外有深厚感情，相伴而来的便是园林中对波斯艺术设计、希腊科学数理、先进灌溉知识的运用。

科尔多瓦的清真寺（图 2–23）建于公元 785 ~ 987 年，基址为一个带围墙的 170m × 130m 的矩形。矩形的 1/3 为纳兰霍斯中庭或橘园，其余空间则是清真寺。如今，清真寺建筑自身即是一个奇观，而橘园中庭同样亦是一处非常迷人的空间。在开花时节，整个院落充溢芳香。成行种植的橘树具有自身的灌溉系统，每行橘树都挖设有一条水渠。大小形状均一的树木，成排重复布局的相同植物，赋予这一空间独特个性。

公元 1250 ~ 1319 年，摩尔人在格拉纳达建造了阿尔罕布拉宫（图 2–24）和格内拉里弗伊斯兰园林。其中，具有重要意义的是阿尔罕布拉庭院，庭院由桃金娘中庭、狮庭和格内拉里弗花园共同组成。

图2–23　位于西班牙科尔多瓦的Mezquita清真寺的拱门群

图2–24　西班牙阿尔罕布拉宫

图2-25 西班牙阿尔罕布拉宫的桃金娘中庭

桃金娘中庭（图 2-25）是阿尔罕布拉宫最重要的综合体，也是外交和政治活动的中心。该中庭的主要特征是一反射水池。长长的水池反射出宫殿倒影，给人以漂浮宫殿之感。沿水池旁侧是两列桃金娘树篱，中庭的名称即源于此。

桃金娘中庭的东侧有一扇门，可由此通达狮庭。它是苏丹王室家庭的中心。精雕细琢的拱廊由列柱支承，从柱间望去是狮子雕像的大喷泉。这是一个很有意思的添加物，因为伊斯兰教是不允许使用动物作原型的。12 座大理石狮围成一圈，中心为一水盘，水从石狮口中喷出，再经由水渠导入围绕中庭的 4 条通廊。水槽位于石狮背部，为十二边形。该水系既具装饰性，又有制冷作用。

第三个重要庭园是格内拉里弗的花园。它们是对称种植的台地园，由台地园可抵达所有花园的顶点——水渠中庭。该中庭内有一条纵贯整个庭院的水渠，沿水渠两侧排列有喷泉，在满园的植物映衬下熠熠生辉。

（2）波斯伊斯兰园林

古希腊历史文化之后，萨拉森人在公元 4 ~ 7 世纪占领了波斯，逐步形成波斯伊斯兰园林。

波斯园林主要可分为两类：

1）王室猎园。其中留有大面积的林地，供王公贵族狩猎和骑马。

2）天堂乐园。受波斯艺术（特别是诗歌、地毯和绘画）广泛影响，它代表了波斯人对天堂的想法。波斯庭园主要采用两种自然元素，即水和树，水是生命的源泉，树则因其顶部而更加接近天堂。

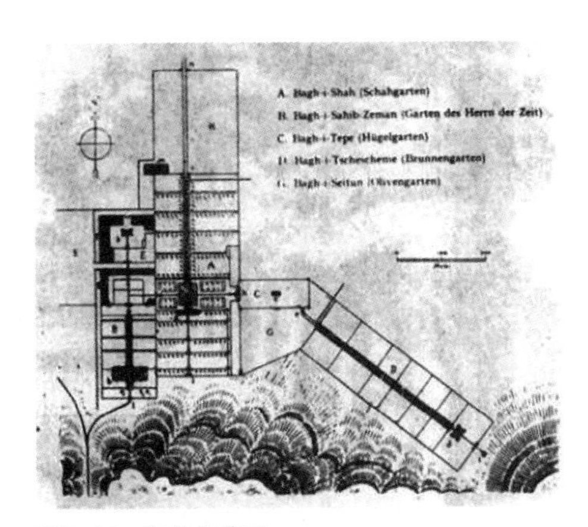

图2-26　阿什拉弗园

图2-27　四庭院大道

波斯伊斯兰园林的主题来自古代美索不达米亚神话，即生命中有4条河流，它将场地分成更小的庭园。随着伊斯兰教进入波斯地域，波斯文化被伊斯兰所吸收。杰弗里•杰利科在《人类的景观》一书中写道，波斯伊斯兰园林吸取了两个相反的构想：一个是《可兰经》中描绘的天堂，伊甸园中、树荫底下，河水流淌；另一个是沉思和交谈的场所，在那里，人的身体和心灵都得以休息，思维从成见中解放。在建筑是天堂和尘世的统一物的构想影响下，便产生了一种新象征主义，在波斯伊斯兰园林中，常常可以看到穹顶建筑，通过它将方与圆相连。

城市在发展，建筑、规划和景观设计也在进步。由国王沙赫阿拔斯规划设计的伊斯法罕是萨非王朝的首都，也是著名的园林城市。在干旱的沙漠上，它无异于一座花城，其规划布局也深受传统波斯风格的启发。金字塔般的雪松为庭园提供了阴凉，而其他树木则因其果实、花朵和芳香增添了庭园魅力。

波斯伊斯兰园林代表作品有：阿什拉弗园（图2-26）和四庭院大道（图2-27）。

2.3　东亚系统

2.3.1　中国园林

中国园林景观作为中国文化的结晶，体现着中国“天人合一”、“君子比德”、“神仙思想”的哲学观点。中国园林景观属于山水风景式景观，以遵循自然环境为基本特征，强调建筑物与山水环境的有机结合。

中国园林的形成与发展主要经历了5个阶段，分别是春秋战国时期、秦汉时期、魏晋南北朝时期、唐宋时期、元明清时期。

春秋战国时期是中国园林的萌芽期，此时期“天人合一”、“君子比德”和“神仙思想”促成了园林的发展走向。这一时期是中国园林从囿（多指用于狩猎圈养动物的地方）向集狩猎、游憩、娱乐于一体的苑的转变时期。著名代表作有史书记载的吴国的姑苏台和楚国的章华台、荆台等。

秦汉时期是中国园林史上第一个造园高潮，

图2-28　兴庆宫

此时期苑囿以模拟天上星宿图案为主，布局较自然，因山就水，随遇而作。此时期的秦咸阳宫苑和西汉长安上林苑最具代表。

魏晋南北朝时期自然美的追求成为这一时期文化活动的突出特点，对中国园林的发展产生了重要影响，奠定了发展方向。此阶段最大的贡献是私家园林的产生，艺术表现形式由单纯模仿自然山水，到概括、提炼，进而抽象化、典型化，在源于自然高于自然方面进行探索。

唐宋时期是中国写意画园林的代表时期。此时期诗文、绘画、园林艺术形式相互渗透，中国园林开始向写意化方向发展，已逐渐具备了风景式园林的主要特点。代表作有唐朝皇家园林九成宫、兴庆宫（图 2-28）等。

元明清时期的园林，文人、画家直接参与到造园的活动中，形成了以写意为主的趋向，景题、匾额、对联在园林中被广泛应用。

不断变化中的中国园林体系从单纯满足皇家需求，讲究华丽宏放，逐步发展成为具有社会普遍性，融入更多文学、绘画艺术方面思想指导的生活写实和风景写意性的园林风格。园林风格上以山水风景、遵循自然环境为基本特征，强调建筑物与山水环境的有机融合。

1. 中国园林的主要特点

（1）取材于自然但高于自然。园林以自然的山、水、地貌为基础，有目的地加工改造，再现高度概括、提炼、典型化的自然。

（2）追求与自然的完美结合，力求达到人与自然的高度和谐，即“天人合一”的理想境界。

（3）具有高雅的文化意境。除了山水、建筑传达的意境外，更融入特有的书法艺术形式，通过匾额、碑刻艺术表现融入园中，达到自然与人文的巧妙结合，表现追求超脱与自然协调共生的思想和意境。

（4）巧于因借。中国园林常常通过借景手法，扩大空间视觉边界，使景观与外部空间相互联系、相互呼应，加强整体景观效果的营造，追求超越庭院范围、无限外延的空间视觉效果。

（5）以小见大。中国园林擅长把大自然中各种美景的典型特征进行提炼，并在园林景观中再现，“以有限面积，造无限空间”，“假自然之景，创山水真趣的园林意境”。

（6）循序渐进。中国园林中，常通过动静结合、虚实对比、承上启下、循序渐进、引人入胜、渐入佳境的空间组织手法和空间变化形式，将自然、山水、人文景观等，分割为不同形状、不同尺度、不同个性的空间，在步移景异中，逐渐创造富有意境的景观效果。

2. 中国园林景观的主要类型及特点

（1）北方类型。北方园林，因地域宽广，所以范围较大；又因大多为政治中心所在，所以建筑富丽堂皇。因自然气象条件所局限，河川湖泊、园石和常绿树木都较少，所以秀丽媚美显得不足。北方园林的代表大多集中于北京、西安、洛阳、开封，其中尤以北京为代表。

（2）江南类型。南方人口较密集，所以园林地域范围小；又因河湖、园石、常绿树较多，所以园林景致较细腻精美。因上述条件，其特点明媚秀丽、淡雅朴素、曲折幽深。南方园林的代表大多集中于南京、上海、无锡、苏州、杭州、扬州等地，其中尤以苏州为代表。

（3）岭南类型。因为其地处亚热带，终年常绿，又多河川，所以造园条件比北方、南方都好。其明显的特点是具有热带风光，建筑物较高且宽敞。现存岭南类型园林，有著名的广东顺德的清晖园（图2-29）、东莞的可园（图2-30）等。

图2-29　广东省顺德清晖园

图2-30　广东省东莞市可园

（4）除三大主题风格外，还有巴蜀园林、西域园林等各种形式。

中国古典园林融合了历史、人文、地理特点，属于山水风景式景观，以遵循自然环境为基本特征，强调建筑物与山水环境的有机结合。

2.3.2 日本园林

日本是具有得天独厚自然环境的岛国，气候温暖多雨，四季分明，森林茂密，丰富而秀美的自然景观，孕育了日本民族顺应自然、赞美自然的美学观。

日本园林历史悠久，源远流长，总体而言受中国影响较大。公元6世纪，中国园林随佛教传入日本。飞鸟、奈良时代是中国式山水园林舶来期，平安时代是日本式池泉园的“和化”期，镰仓、室町时代是园林佛教化时期，桃山时代是园林的茶道化期，江户时代是佛法、茶道、儒意综合期。所以日本园林主景的演变过程为：动植物（大和、飞鸟）—中国式山水（奈良）—寝殿建筑佛化岛石（平安）—池岛、枯山水（镰仓）—纯枯山水石庭（室町）—书院、茶道、枯山水（桃山）—茶道、枯山水与池岛（江户）。日本历史上早期虽有掘池筑岛、在岛上建筑宫殿的记载，但主要是为了防火及防御外敌。随着佛教的东传，中国园林对日本的影响逐渐扩大。日本园林的山水骨架从中国流传而入后，后来成为池泉的始祖。其中佛教被日本确定为国教的地位对于日本园林的宗教化发展起着重要的作用。日本园林初期相当于囿的苑园，因输入了中国较为成熟的技法，多采用动植物、人工山水为主要景观元素，更接近于人工园。同时结合日本国土性质，采用舟游的形式，其内容有山水部分的池、矶、须弥山等，动物部分的龟、鱼、狗、马等，建筑部分的苑、离宫、吴桥、画舫等，园林活动部分主要有、舟游、回游、坐观三种方式。

日本园林风格虽然受中国园林艺术的影响，但经过长期的发展与创新，已形成日本民族独有的自然式风格的山水园。日本园林重视把中国园林的局部内容有选择、有发展地兼收并蓄入自己的文化传统，再通过与中国禅宗的结合，把对园林精神的追求推向极致，产生具有自己风格的园林形式，逐步形成包括枯山水、池泉园、筑山庭、平庭、茶庭、露地、回游式、观赏式、坐观式、舟游式以及它们组合形式的园林种类（图2–31）。

最终定性的日本园林以其清纯、自然的风格闻名于世。它有别于中国园林“人工之中见自然”的风格，而是“自然之中见人工”。它着重体现和象征自然界的景观，避免人工斧凿的痕迹，创造简朴、清宁的致美境界。在表现自然时，日本园林更注重对自然的提炼、浓缩，并创造出能使人入静入定、超凡脱俗的心灵感受，从而使日本园林具有耐看、耐品、精巧细腻、

图2–31 日本京都市金阁寺庭院

含而不露的特色；具有突出的象征性，能引发观赏者对人生的思索和领悟。

1. 日本园林的基本特征

（1）源于自然，匠心独运。充分利用想象，从自然中获得灵感，创造对立统一的景观。注重选材的朴素、自然，以体现材料自身的纹理、质感。造园者把粗犷朴实的石料和木材，竹、藤砂、苔藓等植被以自然界的法则加以精心布置，使自然之美浓缩于一石一木之间，使人置身于简朴、谦虚的至美境界。

（2）讲究写意、意味深长。常以写意象征手法表现自然，构图简洁，意蕴丰富。其典型表现是小巧、静谧、深邃的禅宗寺院的“枯山水”园林。

（3）追求细节，构筑完美。对于细节的刻画是日本园林中的点睛之笔。对微小的东西如一根枝条、一块石头所作的感性表现，在飞石、石灯笼、门、洗手钵、培垣等的细节处理上都有充分的体现。

（4）清幽恬静，凝练素雅。日本的自然山水园，具有清幽恬静、凝练素雅的整体风格，尤其是日本的“茶庭”，小巧精致、清雅素洁；不用花卉点缀，不用浓艳色彩，一概运用统一的绿色系。

（5）谈佛论法、体现禅意。日本园林的造园思想受到极其浓厚的宗教思想的影响，追求一种远离尘世、超凡脱俗的境界。特别是后期的枯山水，竭尽其简洁，竭尽其纯洁，无树无花，只用几尊石组，一块白砂，凝缠成一方净土。

（6）植物种植主次分明。日本园林的3/4由植物、山石和水体构成，因此，在种植设计上，日本园林植物配置的一个突出特点是：同一园中的植物品种不多，常以一、二种植物为主景植物，再选用另一、二种植物作为点景植，层次清楚，形式简洁，但十分美观。选材以常绿树木为主，花卉较少，且多有特别的含义，如松树代表长寿，樱花代表完美，鸢尾代表纯洁等等。

2. 日本园林设计手法的主要类型及特点

（1）枯山水，又叫假山水，是日本特有的造园手法，系日本园林的精华。其本质意义是无水之庭，即在庭园内敷白砂，点缀以石组或适量树木，因无山无水而得名。

室町时代（1338 ~ 1573 年），受源自中国一支佛教宗派“禅宗”的影响，体现其“苦行”、“自律”精神，日本园林中出现以常绿树、苔藓、砂、砾石等静止元素为题材的“枯山水”庭院。其多见于寺院园林，或置于墙角，或置于屋檐下，或置于两屋之间。以石组为主要观赏对象，主要利用单块石块的造型或排列关系造景。白砂象征水面或水池。树木配置上较简单，配以修剪。

其代表作为京都龙安寺枯山水南庭（图2–32）。

（2）池泉园，是以池泉为中心的园林，体现日本园林的本质特征，即岛国性国家的特征。园中以水池为中心，布置岛、瀑布、土山、溪流、桥、亭、榭等。

（3）筑山庭，是在庭园内堆土筑成假山，缀以石组、树木、飞石、石灯笼的园林。一般要求有较大的规模，以表现开阔的河山。常利用自然地形加以人工美化，达到幽深丰富的景致。日本筑山庭中的园山在中国园林中被称为岗或阜，日本称为“筑山”（较大的岗阜）或“野筋”（坡度较缓的土丘或山腰）。日本庭园中一般有池泉，但不一定有筑山，即日本以池泉园为主，

图2-32 日本京都龙安寺枯山水

图2-33 现代日本茶庭

筑山庭为辅。

（4）平庭，即在平坦的基地上进行规划和建设的园林，一般在平坦的园地上表现山谷地带或原野的风景，将各种岩石、植物、石灯和溪流配置在一起，组成各种自然景色，多用草地、花坛等。根据庭内敷材不同而有芝庭、苔庭、砂庭、石庭等。平庭和筑山庭都有真、行、草三种格式。

（5）茶庭，也叫露庭、露路，是把茶道融入园林中，为进行茶道的礼仪而创造的一种园林形式。其也是室町时代桃山时期（1568～1603年）的园林形式，因茶道的盛行而兴盛（图2-33）。

茶庭通常顺其自然，面积较小，可设在筑山庭和平庭之中，主要表现自然的片段，表达寸地而有深山幽谷的意境和茶的精神。茶庭一般是在进入茶室前的一段空间里，布置各种景观。步石道路按一定的路线，经厕所、洗手钵最后到达目的地。茶庭犹如中国园林的园中之园。其园林的气氛以裸露的步石象征崎岖的山间石径，以地上的松叶暗示茂密森林，以蹲踞式的洗手钵象征圣洁泉水，以寺社的围墙、石灯笼模仿古刹神社的肃穆清静。

回游式、观赏式、坐观式、舟游式是指在大型庭园中，设有“回游式”的环池设路，或可兼作水面游览用的“回游兼舟游式”的环池设路等，一般是舟游、回游、坐观三种方式结合在一起，从而增加园林的趣味性。有别于中国园林的步移景随，日本园林是以静观为主。

2.4 现代景观

现代景观的开拓和实践与奥姆斯特德和霍华德（E.Howard）有密切关系。

19世纪，各发达国家相继推出城市公园绿地，使景观面向广大平民，以满足大众游览、娱乐的要求。特别是19世纪中叶，纽约中央公园的构想和建设，开创了景观建设的新理念，其建设得到社会的瞩目和赞赏，从而影响到世界各国，开启了现代景观之路。

20世纪随着世界信息互通，文化和理念有了充分的交流，以多种科学融合、倡导维护自然生态和注重总体规划为基础，以现代艺术和建筑艺术的理念及构图原则为依托，采用自由布局和空间穿插，达到点、线、体、色彩、材料、几何形等形式单元的自由组合，形成了多元化的现代景观规划设计风格。而且，现代景观是为大众服务的，具有公共性，以自然、生态为主导的景观正对以视觉景观为主的传统景观进行补充完善。

现代景观规划设计在发展过程中，注重借鉴、延续古典园林的优势，注重空间变化，讲究层次感，重视与人的交流和对话，需要从游览者而不是建造者的身份体验景观的最佳观赏效果，追求多层次的景观设计。在人与自然关系强调和谐共处、可持续发展的今天，现代景观规划设计借助现代科学技术手段，更注重和周围景观的关系，因地制宜，结合实际。同时，现代景观规划设计中，新材料、新工艺不断涌现，为现代景观的发展开辟了新思路。

2.4.1 现代景观作品分析

1. 莱斯大学 Brochstein 亭——2010 年国际景观协会获奖作品

获奖类型：综合设计荣誉奖

作为莱斯大学校园里地标似的目的地，Brochstein 亭展示了景观设计促进社会交流和改善人类生存条件的能力。作为对形式感和纯净感的探索，Brochstein 亭营造了一个强大的空间体系，将一个无序、未充分利用的四方区转化成了校园里学生活动的中心。设计师的设计并不影响建筑光照。新的混凝土路和槲树加强了院落现存的空间结构。低洼地带的地面也被抬升起来，虽然建筑的基座被明显抬高，但是景观建筑师们制造了一条缓坡路，巧妙地将地形变化、建筑完美地融入环境之中（图 2-34）。

2. 波特兰购物中心复兴计划——2011 年国际景观协会获奖作品

获奖类型：设计杰出奖

波特兰购物中心是一项城市改造工程，项目始于 20 世纪 70 年代，大大地改善了波特兰市中心的基础设施，使市区恢复了活力。然而，随着时间的推移，情况又逐渐恶化，维护费用缩减，商业也因此受损。为了扭转这一颓势，并且考虑到 2030 年将有 100 万的新增市民，当地的交通运输服务商 TriMet 和波特兰市当地政府、波特兰企业联盟及城市设计师合作，共同为波特兰购物中心恢复活力出谋划策。这一“大型街道”规划再次强调了购物中心在市中心城市形态中作为市民空间的重要地位。由此，购物中心成了新开发计划的关键以及多种交通运输方式的枢纽，包括人行道、自行车道、机动车道、新型轻轨和大容量公共汽车系统。

项目场地长达 1.7 英里，涵盖了 116 个街区立面，穿越了波特兰市中心 6 个截然不同的地区。改造项目包括 58 个市中心街区及十字路口的修缮和重建，并新增人行道设施，含有 45 个新的交通运输站台、机动车和自行车行驶专道、商用限定泊车区和卸载区等。项目约合 2.2 亿美元，是波特兰市最大的公共项目（图 2-35）。

“他们（设计方）提出了一个好点子，并且将它完成得更好。项目使这一公共开支物尽

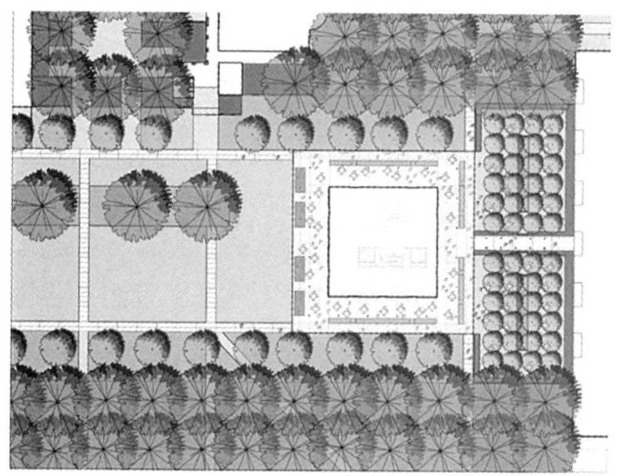

图2-34 莱斯大学Brochstein亭

图2-35 波特兰购物中心复兴计划

图2-36 圣路易斯城市花园

其用，将其他设计方法远远甩在了后面，它再次彰显了波特兰市的领先地位。他们敢为人先，克服困难，完成了在城市里几乎不可能完成的任务。”——组委会评语

3. 圣路易斯城市花园——2011 年国际景观协会获奖作品

获奖类型：综合设计荣誉奖

城市花园是一个公共雕塑花园，占地 3 英亩，坐落于圣路易斯市中心的盖特韦（Gateway）购物中心。设计理念来源于圣路易斯及其郊区的文化和自然历史。鉴于城市花园位于 Gateway 购物中心的中央，距宏伟的拱门和密西西比河西侧有几个街区之远，花园分为了三段。

北区把高地改造成了一系列城市梯田，户外空间提供了放置独特雕塑的平台，也为人们提供了休憩、用餐、远眺高层水池和俯瞰雕塑花园的场所。咖啡厅居高临下，俯瞰整座花园。北区的西面有一片露天石场式的退台石灰岩建筑群，充当了银幕外墙。最亮眼的设计是石质的弧形墙，墙体时而间断，形成瀑布跌落入下面的水池。公园的核心是中间的“洪泛平原”段，这里坐落着花园里规模最大的一些雕塑。

这片草地分为两个铺砖城市广场，两个广场均有丰富的水设施。在此处往公园里一瞥，可以瞥见里面的其他纪念雕塑，它们的尺度在弧墙和孤植树的衬托下显得不那么突兀。南段代表了河流两侧的种植梯田。呈条带状的一系列宿根花卉和灌木的种植床被一个长而蜿蜒的座凳墙所围合，让人想起河流沿岸凹凸相间的农业种植图案。种植床的整齐排列和这两个城市街区的地图相呼应（图 2-36）。

“（他们（设计方）提出了一个好点子，并且将它完成得更好。项目使这一公共开支物尽其用，将其他设计方法远远甩在了后面，它再次彰显了波特兰市的领先地位。他们敢为人先，克服困难，完成了城市里几乎不可能完成的任务。”——组委会评语

4. 首尔西部湖畔公园——2011 年国际景观协会获奖作品

获奖类型：综合设计荣誉奖

现今的首尔西部湖畔公园在 1959 年是一家水处理工厂。公园位于首尔与富川市的交界处，被改造成一个公共游憩区，成了两个城市之间的聚会和交流空间。该区域的工业基础设施，曾一度因被认为是城市中最差的生存环境而声名狼藉，现在却被转变成了生态良好的公园，试图借此振兴该地区，将其

生活水平提高到邻近地区的标准。公园的设计将文化、生态和交流的主题与区域再生融合了起来。

设计认为，对场地现有特征的重新诠释，应追求现代化和未来化，使新公园和其他同类公园有所区别。新园区的材料，是从工厂设施中回收的钢管和混凝土，以及能与旧材料较好搭配的新材料。即使是当地机场的飞机噪声，也成了这个公园的另一个元素，将一个令人生厌的东西转变成了另一个表现新生的要素。

在原来的场地上，建起了一个方形的花园，引用了不同尺度的蒙德里安构成，用水平和垂直的线条营造出了美丽和谐的效果。长的耐火钢墙与混凝土墙共同营造了朝北的私人花园和朝南的公共花园，两个花园的面积和宽度相似。广场的结构渗透进了耐火钢墙中，形成了迷人的树木栽植空间。旧的混凝土结构和新的耐火钢墙垂直相交，合二为一，形成一系列大小各异的方形花园和庭院，每一个转角处的设计都激发着游客的勃勃兴致（图 2-37）。

“作为公园和被遗弃的工厂的设计这里绝对是一个惊喜。工业碎片被完美地陈列在这里。这个项目说明，有时当基础设施停止其建造之初的目标服务时，它的演变后期发展也有可能不会像人们想象的那么失败。就地取材的做法极其明智。这证明了其实你不必清除这些基础设施，你可以接受并重新利用他们。”——2011 专业奖评委会评语

图2-37 首尔西部湖畔公园

5. 鲍威尔街人行道景观——2012 年国际景观协会获奖作品

获奖类型：综合设计奖

接受景观改造的街区位于旧金山市内最繁华的地区之一，在拥有平行的停车位的 4 条街区之间。设计师将那些曾经的停车位改建为一条美观的人行道。现有的人行道拓宽了 1.8m，又在其中注入了创意、科技手段和城市设计原理，为市民在繁忙的车流之间创造了一个安全舒适的环境。该项目是现代都市中“将公园搬入人行道”项目中规模最大的范例，探索了城市中带状空间用作人行道设施的潜力（图 2-38）。

6. 新世纪花园——2012 年国际景观协会获奖作品

获奖类型：住宅设计奖

一直以来，棕榈泉以其对中世纪现代建筑及历史的热衷和偏爱闻名，这个新世纪花园充分使用了不同的水源和光线，再加上现代材料、技术等，创造出大胆新颖又独特的景观区域，体现了设计师的设计思想和当地的社会历史。同时，向人们展现了对这里崎岖的自然沙漠地貌的敬意和喜爱，整个花园也成为新世纪花园景观设计的典范（图 2-39）。

设计师希望设计一个规模够大，能够容纳各种各样的设计、聚会的地方；而园林景观的设计上要求全户外、舒适、自然。这个项目的设计主题是要在这个偏荒漠的地方建立一个户外的中世纪现代房屋。

图2-38　鲍威尔街人行道景观

图2-39 新世纪花园

“这就像是中世纪哈德良的宫殿，精细的植物雕塑、完美的色彩搭配，简直是完美之作。”——2012 年美国景色美化设计师协会专业奖项陪审团评语

7. 群力国家城市湿地公园——2012 年国际景观协会获奖作品

获奖类型：综合设计杰出奖

当代城市在面临涝灾的时候并不是弹性的，景观设计为解决这一问题起到关键作用。这个项目宣布了雨洪公园的诞生，作为城市的“绿色海绵”，清洗和储存城市雨水，自然栖息地得到保护，蓄水层补给等各种生态系统运行得到了有效的整合，加上公园的娱乐功能和审美体验都改善着这座城市发展（图 2-40）。

图2-40　群力国家城市湿地公园

2.4.2　现代景观的特点

1. 文化的交汇使现代景观更具广阔性

文化碰撞全球化突破世界不同文化的隔阂，为景观规划设计带来更为广阔的借鉴和比较视野，使设计师从新思维、新角度审视传统，并将其精神转入现代景观语境。

2. 全球意识及社会需求促进现代景观高水平发展

公众参与全球化的意识及社会需求在提升景观审美趣味与欣赏水准的同时，也形成高品质景观环境，促进了现代景观的高水平发展。

3. 现代景观规划设计的语言愈加丰富

开放社会全球化中的信息高速流通使社会开放程度越来越高，景观中富有特征的设计语言的交融性更强，包括新旧之间、各地区间设计语言的交融。

4. 技术成分在现代景观中占据更重要地位

先进技术、新材料、新结构、全球化发展使景观设计具有更广阔的视角，更丰富的素材库，更新锐的观念，并由此产生新颖的景观形式和崭新的视觉效果。

第3章

景观规划设计要素及利用

3.1 景观规划设计三元体系

刘滨谊教授认为，现代景观规划设计的基本方面蕴含着三个不同层面的追求以及与之相对应的理论研究（表 3–1）。

3.1.1 狭义景观设计

景观感受层面，基于视觉的所有自然与人工形态及其感受的设计，即狭义景观设计。

3.1.2 大地景观规划

环境、生态、资源层面，包括土地利用、地形、水体、动植物、气候、光照等自然资源在内的调查、分析、评估、规划、保护，即大地景观规划。

3.1.3 行为精神景观规划设计

人类行为以及与之相关的文化历史与艺术层面，包括潜在于园林环境中的历史文化、风土风情、风俗习惯等与人们精神生活世界息息相关的文明，即行为精神景观规划设计。

现代景观规划设计的三元体系　　表 3–1

元素	内涵	学科基础	对应主要学科	所创造的境界
视觉景观形象	从人类视觉形象感受要求出发，根据美学规律，利用空间实体景物，研究如何创造赏心悦目的环境形象	美学原理空间创造	景观美学学科	物境
环境生态绿化	从人类的心理感受出发，根据自然界生物学原理，利用阳光、气候、动植物、土壤、水体等自然和人工材料，研究如何创造会令人舒服的良好物理景观	环境学、生态学	景观生态学学科	情境
大众行为心理	从人类的心理精神感受需求出发，根据人类在环境中的行为心理乃至精神活动的规律，利用心理、文化的引导，研究如何创造使人赏心悦目、浮想联翩、积极向上的精神环境	社会学、环境心理学、历史学	景观社会行为学学科	意境

3.2 主要自然要素及利用

3.2.1 气候

无论是在为特定的活动选择合适的区域时，还是在那个区域内选择最合适的场所时，气候都是其设计的基础，规划设计反映了对气候的反应和适应。

气候的主要类型分为热带、温带、寒带、特殊气候类型等几种。其中，热带分为热带雨林气候、热带草原气候、热带季风气候、热带沙漠气候，温带分为地中海气候、温带大陆性气候、温带海洋性气候、亚寒带针叶林气候，寒带分为冰原气候、苔原气候；特殊气候类型包含高山气候。为适应不同地区的气候条件，景观设计中应作出相应处理。

气候要素用于景观设计时，最显著的特征是伴随纬度、经度、海拔、日照条件、植被、海湾气流、水体而变化的年度、季节变化，它们直接影响人们的生理健康和精神状态（表3-2~表3-7）。

极地冰原地带的气候特征及对应的景观规划设计途径　　表3-2

	气候条件	建筑物	场地
1	冬季极寒冷	朝向温暖阳光	形成封闭的庭院并设置太阳能收集装置
2	积雪较深	准备扫雪设备和储雪场所	利用短通道、入口集中、抬高的平台和有顶走廊
3	强风	利用所有保护性地表结构和覆盖物作为风屏和土壤稳定物	保护和种植风障，设置绿篱，采用低矮结实的直立围护，以防止强风
4	高风寒地	交通道路和现状土地利用与风向垂直布置	在较长的道路上设置遮蔽物；设置挡风或使用风侧滑的结构
5	霜期长	限制规划区的尺度以减少昂贵的开挖和防霜冻结构	制造门柱、梁架和平台以避免大面积的挖掘，通过利用阶梯式平台，因地赋形
6	矮灌丛植被	保护所有可能植被，保留坚固的抗风边界	在灌木和树丛中利用小的组合式使用区域或“空间”以及蜿蜒的直接小径
7	白天长	活动区域集中以减少户外交通时间	尽可能利用阳光；建筑设计朝向阳光充足的区域，以便看到天空和阳光照射的山丘景色
8	白天短	在居住集中区域附近安排社区娱乐和文化中心	利用组团式规划方法，以期产生愉快的社会生活和亲密的社会关系
9	冰冻与融雪交替	为防止融冻效应，道路安排在阴影地区	利用挑台抬高步行路和活动地面，以防止厚霜并使人远离烂泥和雪水
10	春季快速融雪	避开低地、自然排涝区和洪积扇	10. 沿暴雨排水流向设置有效的表面排水系统，且不干扰土壤、草坪和其他植被以防止土壤侵蚀

改编自：[美]约翰•O. 西蒙兹.景观设计学——场地规划与设计手册[M].北京：中国建筑工业出版社，2000

寒温带地区的气候特征及对应的景观规划设计途径　　表 3-3

	气候条件	建筑群	场地
1	温度变化多样，夏季暖热、冬季寒冷、春秋季温和	确定土地利用和道路形式，以反映当地的温度变化和其他的气候条件，特别建议紧凑的规划安排；在较温和的气候条件下可以分散	考虑户外活动场所不同形式和尺度变化的可能性和必要性
2	四季变化分明	对气候特征的适应，规划须经受各季节的功能测试	对季节性变化的灵活处理：考虑春、夏、秋、冬的活动空间
3	风向风速变化	调整街道和开阔空间朝向以阻挡寒冷的冬季风并引入夏季微风	设计与主导风和微风的分布相适应
4	罕有风暴发生	将大风、洪水和偶有发生的暴风雪作为重要的设计因素考虑	建筑必须能抵御最大的暴风雪
5	有干旱期，有时有霜和雪	街道、市政系统和排洪系统的设计要满足极端条件	考虑各种天气状况下的持久性和维护
6	土壤多被灌溉且较肥沃	提供广阔的公园和开放的空间系统	保护当地的原始森林和农田
7	多河流和淡水湖	将自然水道和社区规划相结合，以利于公众的利用和娱乐	对所有与水有关的土地规划分区应慎重，以保护其景色和生态价值
8	水分供应充足	广泛布置各种类型的花园、游园等绿地	在公园、绿化用地和集中地利用水池和喷泉改善环境
9	地表覆盖变化多样，从开阔地到有丰富植物种类的森林	在开放空间系统中保护当地植物品种	调整规划形式使自然景观特征尽可能统一
10	地貌景观多样，包括海滨、平原、高原和山地	每个社区的规划成为其环境的独特表现	充分利用天然景色的潜力

改编自：[美]约翰•O. 西蒙兹.景观设计学——场地规划与设计手册[M].北京：中国建筑工业出版社，2000

暖温带地区的气候特征及对应的景观规划设计途径　　表 3-4

	气候条件	建筑群	场地
1	温度高且相对连续	建筑群的空间布局为散布的“猎人式”	场地设计充分利用树叶和水的生态、物理作用为空间提供阴凉、通风效果
2	湿度大	结合空气运动的通道或区域调整社区布置方式	为空气循环和蒸发提供方便
3	降雨量大	避免洪积扇和排水通道，破坏这些区域会导致严重侵蚀	抵御暴雨并有足够的排水能力
4	台风和飓风引起暴风雪	建筑群设在保护地和森林环抱的地方及风暴潮水位以上	将关键用地和路线安排于免受潮汐和洪水的地带
5	白天常持续微风	规划密集地区的街道和位置时，尽可能迎纳气流	通过敞露、通道和风洞尽可能增强微风的宜人效果

续表

	气候条件	建筑群	场地
6	植被从稀疏到茂密，有时如丛林一般	尽可能避免自然增长，对地被的破坏会导致土壤侵蚀	利用茂盛的大片叶子和样本植物作为背景和框架
7	太阳的热量大	利用已有林地和地形为场所提供阳光屏障，补充种植林荫树	为在凉爽的早晨和晚上规划户外活动区域，白天较热时间人流集中之地应有屋顶或树荫
8	空中与海洋的强光令人痛苦	建筑群规划定位应背向而不是正向太阳的入射	可以通过规划合理布置树木，减少或消除强光
9	气候条件产生大量昆虫	建筑群处于昆虫繁育地的上风向	通过挑台和平台抬高活动区和步行路，以使微风进入并减少蚊虫的侵扰
10	真菌是一个顽固的问题	允许阳光和微风进入建筑区域以减少细菌的产生	石头、混凝土、金属，以及经处理的木头与地面接触

改编自：[美]约翰•O. 西蒙兹.景观设计学——场地规划与设计手册[M].北京：中国建筑工业出版社，2000

干热（类沙漠）地区的气候特征及对应的景观规划设计途径　　表 3–5

	气候条件	建筑群	场地
1	白天极热	在炎热的环境中创造一个可利用的凉爽“岛屿”	通过建筑朝向选择，阴凉区域控制，遮阴设施设置，设计恰当的建筑构件投影，以减少热量和强光
2	夜间经常极冷	为集体活动提供机会	采用环形布置方式，安排建筑
3	区域广阔	利用“前哨点”、“要塞”、“牧场”规划方式	以汽车作为日常交通工具和主要场地规划因素
4	阳光和强光反射光有穿透性	在分散的院子中，设计紧凑的空间和狭小的走道、柱廊以减少太阳的炙烤	遮蔽使用地和道路防止阳光直射
5	干燥风盛行，经常发生破坏性尘暴	建筑群的位置设在已有植被覆盖的区域，并充分利用防护林带	使户外活动空间不暴露
6	年降雨量极少，除滨水地区外，植被稀疏或不存在	尽可能保护开发地周围所有的自然生物	保护当地植物形成自我维护并作为良好沙漠景观的成分
7	春季降雨为倾盆大雨，降雨迅速，侵蚀强	避免洪泛区域	避免将峡谷和洪扇区作为开发的路线和场所
8	水供应极为有限	通过紧凑的规划和种植，空间的多用途，使灌溉需求减到最小	限制公园、苗圃和种植区面积
9	农业产量有限	居住区和社区的位置靠近交通密集地	利用桶栽和盆栽、滴灌和水培法进行园艺栽培
10	必须灌溉	将土地利用和交通方式与已存在的和立项的灌溉渠道线路及水库位置相结合	结合灌溉渠、水池及建筑物创造引人入胜的场地特征

改编自：[美]约翰•O. 西蒙兹. 景观设计学——场地规划与设计手册[M]. 中国建筑工业出版社，2000

针对气候特征的景观规划设计原则　　表 3–6

原则	设计对策
消灭酷热、寒冷、潮湿、气流和太阳辐射等极端情况	合理布置场地、规划布局，创造和气候相适应的空间
抵抗太阳辐射、降雨、风和寒冷	提供直接的庇护构筑物
适应季节变化，创造具有“季相”的景观效果	根据不同的季节进行设计
根据太阳的运动调整社区、场地和建筑布局	室内外的设计应保证在合适的时间，接受合适的光照
充分利用阳光辐射、风能等自然资源	如通过太阳能集热板为制冷补充热量和能量
充分利用水分蒸发的原理节约能源	使空气经过任何潮湿的表面，如砖砌的、纤维的或叶子使之冷却
引进并利用水体调节小气候	靠近水面引入水陆风
保存现存的植被，并在需要的地方引进植被	以植被遮蔽地表，保储降水以利制冷，保护土壤和环境不受冷风侵袭，通过蒸腾作用使燥热的空气冷却、清新，提供遮阳设施、阴凉空间和树荫场地等，防止地表径流快速散失并补充土层含水，抑制风速
避免空气滞留	避免低谷、洼地等涡风区

适应气候环境的景观规划设计途径　　表 3–7

目的	方法
使环境变暖的基本方法	1. 最大限度地利用太阳光 2. 增加辐射吸收量的铺装区域 3. 增加能够反射及夜间向外散失辐射热的建筑和植物棚顶 4. 太阳暖阁 5. 风的阻断和冷空气的转移
使环境变凉爽的基本方法	1. 庭荫树或藤本植物 2. 悬垂物、凉棚、树干 3. 栽植地被植物 4. 修剪掉地下层的生长物可增加空气的流动 5. 利用水体等蒸发降温
使环境减少风袭的基本方法	1. 防风林、挡风或转移风向 2. 微地形 3. 半封闭户外生活区域
使环境更为通风的基本方法	1. 修剪树木低矮的枝条 2. 减少低矮植物生长 3. 创造通风渠道

续表

目的	方法
使环境更潮湿的基本方法	1. 使用带顶部树冠的植物，以减缓蒸发过程 2. 矮化防护林 3. 栽植地被植物 4. 设置池塘、瀑布、喷泉等
使环境更干爽的基本方法	1. 最大限度地利用太阳 2. 最大限度地通风 3. 有效的排水系统 4. 铺设地表

除了对区域气候或大气候需有相对应的景观对策外，针对地形气候和微气候也应有相应的景观对策。

地形气候是由于地形的起伏（包括凹凸程度、坡度和坡向）对基地的日照、温度、湿度、气流等小气候因素产生影响，从而使基地的气候条件有所改变而形成的。在地形气候中，人们可以感受到空气湿度和温度的巨大差异。例如，日辐射小、通风好的坡面夏季较凉爽；日辐射大、通风差的坡面则冬季较温暖，因此，在景观设计中不可忽视。一般而言，对规模较大，有一定地形起伏的基地应考虑地形气候的因素；而规模小，地形平坦的基地则可忽略。

针对微气候或小气候也有对应的景观策略。由于基地地表的坡度和坡向、土壤类型和湿度、岩石性质、植被类型和高度、水面大小和有无、人为因素等的不同使热量和水分收支不一，从而形成了近地面大气层中局部地段特殊的气候，即微气候。在某一区域内有许多微气候，每一种微气候数据都要通过多年的观测积累才能获得。通常需要先了解当地的气候条件，然后进行实地观察，从而合理地分析与评价基地的地形起伏、坡向、植被、地表状况、人工设施等对基地日照、温湿度、风向风速等的影响。微气候在很大程度上会影响人们在环境中的体感舒适度，因此是城市户外景观环境设计中要重点考虑的因素。

通常情况下，可以通过以下方法营造微气候环境：

（1）对建筑形式、布局方式进行设计、安排；

（2）引进水体；

（3）保护并尽可能扩大原有的绿地和植被面积；

（4）对周围的植被进行安排，包括树种、位置。

3.2.2 水

1. 水的景观作用

水对所有人具有不可抗拒的吸引力，是最生动的景观元素之一。水能提供饮用水、生活用水、灌溉水、运输等实用价值；水利用过程具有冷却、清洗等用途；水能净化空气，调节微气候；与水岸、湿地等可以共同形成生境；如今的水在提供风景功能的同时，越来越多地发挥着生态功能与休闲功能（表 3–8 ～表 3–10）。

水的景观特性和用途　　表 3–8

特性	用途	景观影响因素
水的可塑性 水具有不同的状态 水能创造出多种多样的声响效果 水能映出周围环境的景物	提供消耗 供灌溉用 对气候的控制 控制噪声 提供娱乐条件	坡度 容器的形状和尺度 容器表面质地 温度 风 光

水利用的宏观原则　　表 3–9

保护流域、湿地和所有河流水体的堤岸
将任何形式的污染减至最小，创建净化的计划
土地利用分配和发展容量应与合理的水供应相适应
返回地下含水层的水的质和量与水利用保持平衡
限制用水以保持当地淡水储量
通过自然排水通道引导表面径流
利用生态方法设计湿地，并进行废水处理、消毒和补充地下水
采用地下水水分供应和分配的双重系统
开拓、恢复和更新被滥用的土地和水域以达到自然、健康状态
致力于推动水分供给、利用、处理、循环和再补充技术的改进

改编自：[美]约翰•O. 西蒙兹. 景观设计学——场地规划与设计手册[M]. 北京：中国建筑工业出版社，2000

水的景观观赏特性　　表 3–10

形态	形式	景观效果
静态	规划式水池	池缘线条挺括分明，池外形为几何形；映照周围环境，作为自然前景和背景
	自然式水池	水池外形由自然的线条构成自然式水池，使室外空间产生轻松恬静的感觉；在景观中作为基准面；作为联系和统一同一环境中不同区域的手法；对景物的展现
动态	流水	以其动态因素，表现具有运动性、方向性、生动活泼的环境

续表

形态	形式		景观效果
动态	瀑布	自由式瀑布	瀑布的特征取决于水流量、流速、高差以及瀑布边所产生的景观效果
		跌落瀑布	瀑布有较短暂的停留和间隔，创造出更多的景观效果
		滑落瀑布	较少的水滚动在较陡的斜坡上，表面产生光的闪耀
	喷泉	单射流喷泉	有清晰的水柱，能形成独特的水滴声
		喷雾式泉	外形细腻，闪亮而虚幻
		充气泉	能产生湍急水花的效果
		造型式泉	有多种造型设计，能反映景观主题

2. 水的景观特点

（1）溪涧及河流

溪涧及河流都属于流动水体。由山间至山麓，集山水而下，汇集成溪流、山涧和河流，一般溪浅而阔，涧深而狭。园林中的溪涧，应左右弯曲，萦回于岩石山林间，环绕亭榭，穿岩入洞，有分有合，有收有放，构成大小不同的水面与宽窄各异的水流。对溪涧的源头，应作隐蔽处理，使游赏者不知源于何处，流向何方，成为循流追源中展开景区的线索。溪涧垂直处理应随地形变化，形成跌水和瀑布，落水处可以成深潭幽谷。

（2）池塘

池塘属于平静水体。有规则式和自然式，规则式有方形、圆形、矩形、椭圆形及多角形等，也可在几何形的基础上加以变化。池塘的位置可结合建筑、道路、广场、平台、花坛、雕塑、假山石、起伏的地形及平地等布置。可以作为景区局部构图中心的主景或副景，还可以结合地面排水系统，成为积水池。自然式水池在园林中常依地形而建，是扩展空间的良好办法。

（3）瀑布

瀑布由水的落差形成，是自然界的壮观景色。瀑布的造型千变万化，千姿百态，瀑布的形式有直落式、跌落式、散落式、水帘式、薄膜式以及喷射式等。按瀑布的大小有宽瀑、细瀑、高瀑、短瀑以及各种混合型的涧瀑等。人造瀑布虽无自然瀑布的气势，但只要形神具备，就有自然之趣。

（4）潭

潭即深水池。作为风景名胜的潭，必须具有奇丽的景观和诗一般的情调。

自然界的潭有与瀑相连的，悬空倒泻如喷珠飞雪，或白链悬空山鸣谷应，白尺狂澜从半山飞泻而下，十分壮观，如陕西麟游县玉女潭，山东崂山玉女潭、泰山黑龙潭等。与泉相连的潭有云南昆明的黑龙潭、广西靖西的龙潭等。与溪泉结合的潭有湖北昭君故里回水沱的珍珠潭等。潭的大小不一：大的如台湾的日月潭，面积为 4.5km^2；小的如瓮，面积仅有数十平方米，如江西庐山玉渊潭。潭自古以来，以龙命名的居多，如黑龙潭、九龙潭、乌龙潭等，与月组成的景观也很多，如三潭印月、龙潭印月、双潭秋月等。重名的也很多，如云南就有 2 个黑龙潭。因潭景著名的风景区不下数十个。潭给人的情趣不同于溪、涧、河流、池塘，是人工水景中不可缺少的题材。

（5）泉

泉来自山麓或地下，有温泉与冷泉之分。中国泉源相当丰富，仅温泉就有 1000 多处，大都辟作休疗养胜地，许多冷泉的泉水富含对人体有益的矿物质和微量元素。

中国著名的泉有 60 ~ 70 处，各有特色，作为重要的游览胜地，已被汇入中国名胜词典中。如因泉而著称并成为游览胜地的山东济南，济南素有泉城的美名，济南的趵突泉名扬海内外。河北邢台市郊区的百泉，因平地出泉无数而得名。山东泗水泉林，地下水透过石灰岩、砂层夺地而出，形成星罗棋布的大型泉群。

作为游览胜地的泉水，都有共同的特点，即泉源丰富，味甘清凉，清澈见底。作为景观观赏的泉，根据出水姿态的不同可分为山泉、涌泉、喷泉、壁泉以及间歇泉等形式。如美国黄石公园的间歇泉每隔 20min 喷一次，高达 20 ~ 46m，形成水量达 12000 加仑（约合 45.4m^3）的热水柱。天然的泉与潭、溪、涧或河流相结合，其意趣更浓。

人工泉的形式更为繁多。在现代景观中应用较多的是喷泉、壁泉、地泉和涌泉。喷泉不仅使空气湿润，而且提供多姿多彩的视听享受，如近几年来出现和应用的光控喷泉、声控喷泉、音乐舞蹈喷泉。喷泉的喷水方式主要有喷水式、溢水式、溅水式三种类型。

大型喷泉在景观中常作主景，布置在主副轴的交点上，在城市中也可布置在交通绿岛的中心和公共建筑前庭的中心。小型喷泉常用在自然式小水体的构图重心上，给平静的水面增加动感，活跃环境气氛。水柱粗大的喷泉，由于水柱呈半透明状，其背景宜深。而水柱细小的喷泉，最好有平面背景能够突出人工造型，如绿色的草坪，更能显示水柱的线条美。大型的喷泉，最能俘获游人的目光。无论在复杂的还是在简单的环境中它们都是最活跃的因素。

3. 水体景观规划手法

在景观规划设计中，水体作为构成景观的重要因素之一，在自然中的姿态面貌给人以无穷的遐思和艺术联想，在人工景观中产生生动优美的意境，增强城市景观的观赏价值与意境感受，是极富表现力的景观构图要素之一。

宏观层面，景观设计中通常以水体为展开点，海岸、湖岸、河岸常常是人类生命力最活跃的地方，如上海的黄浦江边、广州的江滨大道、青岛的沿海大道等。城市一般以河流、溪涧为脉络展开城市的构架，如南京的秦淮河、南宁的朝阳溪等。另外，城市中的溪、泉、塘、潭等小水面不容忽视，它与江、河、湖、海等大水面一起形成城市环境中的蓝带。对水的曲线和动态变化，包括其活跃、映射、延伸、点缀空间的特色加以利用，能极大地丰富城市的景观层次和内涵。水体的变化如果设计运用得当可以丰富多彩，喷泉、间歇泉、跌泉、跌泉、水帘、瀑布、水流向上或向下运动的不同姿态，以点状、片状、柱状形式的出现，可增加景观的动感和魅力。

景观中集中形式的水面多采用分隔与联系的手法，增加空间层次。其主要形式有:岛、堤、桥、汀步、建筑和植物。

（1）岛

岛在景观中可划分水面空间，使水面形成各具情趣的水域，同时使水面仍保持连续的整体性。尤其在较大的水面中，岛可以打破水面平淡的单调感，是欣赏四周风景的中心点，同时又是被四周所观的视觉焦点，可在岛上与对岸边建立对景关系。由于岛位于水中，增加了水中空间的层次，所以又具有障景的作用。在岛上设山，可抬高登岛的视点。而以土为主的土山岛和以石为主的石山岛因土壤的坡度稳定受限制，不宜过高，大型水面可分设 1 ~ 3 个形态各异的岛屿。

（2）堤

是将大型水面分隔成不同景色的带状陆地。

（3）桥与汀步

桥的设置不宜将水面平均分为两个水面，要有大小和主次之分。

（4）水岸

景观的水岸处理与水景效果关系很大。水岸有缓坡、陡坡、垂直和垂直出挑之分。驳岸有规则式与自然式两种。规则式驳岸以石料、砖或混凝土预制块砌筑成整形岸壁。自然式驳岸则有自然的曲折和高低变化。为使山石驳岸稳定，石下应有坚实的基础。尤其是在北国的严寒地带，冻胀是非常值得注意的因素（图 3–1、图 3–2）。

图3–1 规则式驳岸

图3–2 自然式驳岸

3.2.3 植物

景观植物，是指具有形体美和色彩美，适应当地气候和土壤条件，在景观中起到观赏、组景、庇荫、分隔空间，改善和保护环境及工程防护等作用的植物。

1. 植物的自然特性

植被可以涵养水源，保持水土，还具有美

化环境、调节气候、净化空气的功效。因此，植被是景观设计的重要设计素材之一。在所有的景观元素中，生命的“生长”特性使植物具备更优势的景观特性。正因为这个特性，植物的生长需要一系列特定的环境条件，受到土壤肥力、土壤排水、光照、风力以及温度的影响（表3–11 ~ 表3–13）。因此，在城市总体规划中，城市绿地规划是重要的组成部分，以城市公园、居住区游园、街头绿地、街道绿地形式，使城市绿地形成系统。

植物的功能作用　　表3–11

功能类型		作用
构成功能	构成空间	由植物单独或共同组合构建空间的地平面、垂直面、顶平面，形成具有实在的或暗示性的范围围合；用植物构成并引导相互联系的空间序列；依靠植物的柔软地界，改善、分割空间
	障景作用	依景观的要求，使用通透、半通透、完全通透的植物搭配，引导并限制人们的视线，产生特殊的景观效果
	控制私密性	利用阻挡人们视线高度的植物，对明确的所限区域进行围合，使私密空间和周围环境在视线上完全分离
美学功能	作为景观存在	大、中型乔木因其高度和面积能成为显著的观赏因素，并在群体中易占有突出的地位，充当视线的焦点。中小乔木和灌木更易展现出人性化的细腻，并完善整体结构和空间特征
	完善作用	利用其柔性特征，完善并为环境提供统一性
	统一作用	能将环境上所有不同的成分从视觉上连接起来
	强调作用	借助植物的大小、形态、色彩、质地等，可突出或强调某种特殊的景物
	识别作用	植物的大小、形状、色彩、质地或排列能使空间更显而易见，更易被认识和辩明
	框景作用	对可见或不可见的景物，以及对展现景观的空间序列，有直接的构图影响作用
改造气候功能	调节风速	
	改变气温	
	改善湿度条件	
工程功能	遮阴	
	防止水土流失	
	减弱噪声	
	为车和行人导向	

注：加里•O. 罗比内特在其著作《植物、人和环境》中将植物的功能分为建筑功能、工程功能、改造气候和美学功能四类。

2. 植物的景观功能

植被在景观生态中的作用主要有以下几点：

（1）改善城市微气候，调节气温，过滤尘埃，减低风速，从而形成令人愉悦的局部小环流，增加空气湿度。

（2）吸附空气中的污染粉尘。

（3）防治生物污染。

（4）大量植被，可以将噪声发源地隔离开。

（5）大量、多种植被相结合的绿地可以给昆虫、鸟类提供良好栖身之所，为生物的多样化提供环境条件。

植物除了以上谈到的这些作用外，还能给人提供许多精神上的享受。不同的植物给予人们不同的感受，不同的季节人们对植物也有不同的认识，植物从形态到色彩都会给予人们无尽的想象空间，所以它是人类最为亲近的朋友。

植被的功能包括视觉功能和非视觉功能。非视觉功能指植被改善气候、保护物种的功能；植被的视觉功能指植被在审美上的功能，是否能使人感到心旷神怡。通过视觉功能可以实现空间分割，形成构筑物，并起景观装饰功能。

罗比内特（Gary O. Robinette）在其著作《植物、人和环境品质》中将植被的功能分为四大方面：建筑功能、工程功能、调节气候功能、美学功能。

（1）建筑功能：界定空间，遮景，提供私密性空间和创造系列景观等，简言之，即空间造型功能。

（2）工程功能：防止眩光，防止水土流失、噪声，以及交通视线诱导。

（3）调节气候功能：遮阴、防风，调节温度和影响雨水的汇流等。

（4）美学功能：强调主景，框景及美化其他设计元素，使其作为景观焦点或背景；另外，利用植被的色彩差别、质地等特点还可以形成小范围的特色，以提高人居空间的识别性，使其更加人性化。

3. 景观植物的类型与特点（表3-12、表3-13）

（1）按生长类型分类

从绿地系统规划和种植设计的角度出发，景观植物依其外部形态分为：乔木、灌木、藤本、竹类、花卉、水生植物和草地七类。

1）乔木：具有体形高大、主干明显、分枝点高、寿命长等特点。乔木是园林绿地中的骨干植物，对园林绿地布局影响很大，不论是在功能上或是景观构图上，都能起到主导作用。乔木可分为大乔木（>20m）、中乔木（6～20m）和小乔木（<6m）。

2）灌木：没有明显主干，多呈丛生状态。灌木有常绿灌木和落叶灌木之分，主要作下层种植或基础种植，开花灌木用途最广，常用在重点美化地区和景观区。

3）藤本：凡植物不能自立，需依靠其特殊器官（吸盘或卷须），或靠蔓延作用而依附于其他植物体的，称为攀缘植物。藤本有常绿藤本与落叶藤本之分。常用于垂直绿地，如花架、篱栅、岩石和墙壁上面的攀附物。

4）竹类：属于禾本科的常绿乔木或灌木，其木质浑圆，中空而有节，皮翠绿色；也有呈方形、实心及其他颜色和形状的。

5）花卉：花卉姿态优美，花色艳丽，是具

有观赏价值的草本和木本植物，其姿态、色彩和芳香对景观设计和人们的精神上有积极的影响。花卉根据生长期的长短及根部形态和对生态条件的要求可分为四类：①一年生花卉：指春天播种，当年开花的种类。②两年生花卉：指秋季播种，次年春天开花的种类。以上两者一生之中都只开一次花，然后结实，最后枯死。这一类花卉多半具有花色艳丽、花香馥郁、花期整齐的特点，但其寿命短，管理工作量大，因此多在重点景观区配置，以充分发挥其色、形、香三方面的特点。③多年生花卉：凡草本花卉一次栽植能多年持续生存，年年开花，均属此类，或称宿根花卉。多年生花卉比一、二年花卉寿命长，其中包括很多耐旱、耐湿、耐阴及耐瘠薄土壤等种类，适应范围比较广，可用于花境、花坛或成丛成片布置在草丛边缘、林缘、林下或散植于溪涧山石间。④球根花卉：指多年生草本花卉的地下部分，不论是茎或根肥大成球状、块状或鳞片状的一类花卉均属此类。这类花卉多数花形较大、花色艳丽，除可布置花境或与一、二年生花卉搭配种植外，还可供切花用。

6）水生植物：是指生活在水域，除了浮游植物外所有植物的总称。

7）草地：园林绿地中种植低矮草本植物用以覆盖地面，并作为供人们观赏及活动的规则式草皮和为游人露天活动休息而提供的面积较大而略带起伏地形的自然草皮，俗称草坪。草坪可以覆盖裸露地面，有利于防止水土流失，保护环境和改善小气候，也是游人露天活动和休息的理想场地。柔软如茵的大面积草地不仅给人以开阔愉快的美感，同时也给园中的花草树木及山石建筑以美的衬托，所以在园林绿地景观中应用比较广泛。

植物的分类及景观特征　　表 3–12

分类		景观效果
乔木	大、中型乔木	因其体量，能构成环境的基本结构和骨架；群体布置时，能成为视线的焦点；在顶平面和垂平面上能形成封闭空间，提供阴凉空间和效果
	小乔木	能在顶平面和垂平面两方面限制空间，也可以成为焦点和构图中心
灌木	高灌木	不能单独形成树冠；能组合在一起构成完整的顶界面；能在垂直面上构成空间组合；能形成极强烈的线形空间，将人的视觉和行动引向终端；能成为天然背景，以突出其前端的特殊景观
	中灌木	围合空间；在构图中起到高灌木或小乔木、矮灌木间的视线过渡作用
	矮小灌木	在不遮挡视线的情况下暗示性地分割空间；在构图上，具有以视觉上连接其他不相关因素的作用；在设计中充当附属因素
地被植物		可作为室外空间的植物性“地毯”或铺地，起背景作用，可暗示空间地缘，并划分不同形式的地表面；边缘线有景观效果，且能引导视线，限定空间；独特的色彩和质地能提供观赏情趣；在视线上，将其他孤立因素和多组因素联系成一个统一的整体

植物树叶特征及景观效果　　表 3-13

类型	景观效果
落叶型	秋天落叶，春天再生新叶，季相变化明显；能在各个方面限制空间作为主景，充当背景，属“多用途植物”；可与针叶常绿和阔叶常绿树相互对比；具有让阳光透射叶丛，使其相互辉映，产生光叶闪烁的效果（luminosity），并使植物下层植被具有通透性和明快感；枝干在冬季凋零光秃后，呈现枝条美、整体美的轮廓效果。凋零后的稀疏干枝投影到路面或坪面上时，能产生特殊的景观效果
针叶常绿型	叶片常年不落，树叶无明显变化，结构稳定；其色彩比所有种类的植物（柏树类除外）都深，能呈现稳定、沉重的视觉特征；利用其相对深暗的叶色，能作为深色物体的背景；可使某一布局显示出永久性，能构成一个永恒的环境；因为叶面密度大，能起到非常好的屏障视线、控制隐秘环境、阻止空气流动的作用
阔叶常绿型	叶片终年不落，叶色几乎呈深绿色；叶片具有反光的功能，使植物在阳光下显得很亮；在开放性户外产生耀眼的发光特征；使布局在向阳处显得轻松而通透；在阴影处，则阴暗、凝重；往往有艳丽的春季花色

（2）按对生态因子的适应能力分类

景观植物对环境条件的要求和适应能力，称为景观植物的生态学特征。凡是对景观植物的生长发育有影响作用的因素，均称为生态因子。

按温度因子：热带植物、亚热带植物、温带植物、寒带植物。

按水分因子：耐旱植物、耐水性植物、中生植物、水生植物。

按光照因子：阳性植物、耐阴植物、中生植物。

按土壤因子（pH 值）：喜酸植物（pH<6.8）、喜碱性植物（pH>7.2）、中生植物（pH 介于 6.8 ~ 7.2）

（3）按植物的观赏特性分类

可分为形木类、叶木类、花木类、果木类、干枝类、芳香植物等类。

4. 种植设计基本原理

在使用植物进行景观设计时，植物的功能作用、布局、种植以及取舍，是整个过程的关键，并进一步确定植物在设计中担任的障景、蔽景、限制空间及视线焦点等功能作用。

（1）充分考虑植物的生长条件和生态效应

植物的大小、形态、色彩和质地等，是景观规划设计卓有成效的因素，设计时应充分考虑其生长条件、适应区域等，考虑树形、树种的选择，考虑速生树和慢生树的结合等因素，使其在造景的同时，发挥最大的生态效应。

（2）精心考虑对单株植物的处理

孤植是植物种植中的一种手法。在布置单株植物时，因为其在视觉上的突出地位，其成熟度应在 75% ~ 100%。在群体中布置单株植物时，为获取更高的视觉统一性，应使它们之间有轻微的重叠，相互重叠面基本上为各植物直径的 1/4 ~ 1/3。排列单株植物的基本方法，是将它们按奇数组成一组，且每组数目不应过多。

（3）应群体地处理植物素材

设计中各组相似因素，都会在布局内对视觉统一感产生影响。当设计中的各个成分互不相关、各自孤立时，整个设计就可能在视觉上分裂成无数相互抗衡的对立部分。而植物及植物群体恰恰能以其“柔化作用”和“浓密的集合体效应”将各单独的部分联结为统一整体。将植物按照基本群体进行设计，也应重视其在自然界中的群体模式。设计时，各组植物之间，在视觉上应相互衔接。各组植物之间所形成的空隙或“废空间”，应彻底清除。在设计时，植物间应有更多的重叠及相互渗透，增大植物组间的交接面，从而增加布局的整体性和内聚性。

（4）结合环境统一布局

种植设计应结合地形、建筑、围坪以及各种铺装材料和开阔的草坪，让植物增强或柔化它们的形状和轮廓，使其变得更加完美。

3.2.4 地形

在利用各种自然要素重现和创造景观时，地形也是最重要的因素之一。

“地形”是指地球表面三度空间的起伏变化。“大地形”一般指山谷、高山、丘陵、草原、平原等；“小地形”包括土丘、台地、斜坡、平地，或因台阶和坡道所引起的水平面变化的地形（图3–3）；“微地形”指起伏或波纹，或是道路上石头和石块的不同质地变化（图3–4）。

地形直接联系着众多的环境因素和环境外貌，也影响区域的美学特征，影响空间的构成和空间感受，影响景观、小气候、土地的使用，对景观中其他设计要素的利用起支配作用。

在人类的进化过程中，人们对地形的态度经过了顺应—改造—协调的变化。这个过程，人们是付出了巨大的代价的。现在，人们已经开始在城市建设中，关注对地形的研究，尽量减少对原有地貌的改变，维护其原有的生态系统。

在城市化进程迅速加快的今天，城市发展用地略显局促，在保证一定耕地的条件下，条件较差的土地开始被征为城市建设用地。因此，在城市建设时，如何获得最大的社会、经济和生态效益是人们需要思考的问题，可以运用GIS、RS等新技术进行分析研究，为项目的影响作出可视化的分析和决策依据。

1. 地形的景观作用

（1）美学功能

地形具有自身独特、极易识别的特征，可作为布局和视觉要素。土壤的可塑性特征在阳光、气候影响下会产生视觉变化。景观设计中，地形需要具有能与周围环境总体外观相协调的特点，并有机地和建筑物相结合。

（2）分割及围合空间

利用或改造地形时，依赖地形空间的底面区域、封闭斜坡的轮廓、地平轮廓线三个主要因素，可以创造和限制外围空间。

地形空间的底面区域，指的是空间的底部或基础平面，代表“可使用”范围。一般而言，一个空间的底面范围越大，空间就越大；坡度除了对使用产生影响外，斜坡的坡度与空间制约有关系，斜坡越陡，空间的轮廓性越显著；而地平天际线代表的是地形的可视高度与天空间的边缘，地平轮廓线和观察者的相对位置、高度和距离，都会影响空间的视野，以及可观察到的空间范围——可视空间。

在任何一个限定的空间里，其封闭程度依

图3-3 水平面变化的“小地形”

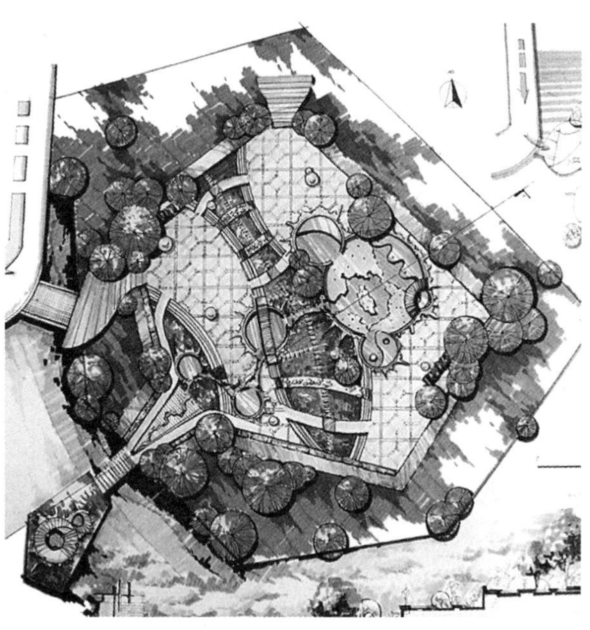

图3-4 不同质地的铺地变化的“微地形”

赖于视野区域的大小、坡度和天际线。一般视野在水平视线的上夹角 40° ~ 60° 到水平视线的下夹角 20° 的范围内。

而利用地形围合空间可以保护原有地形不受破坏，避免水土流失，保护原有植被和原有环境栖息的动物，使生态环境免受破坏；利用地形围合空间可以发挥地形给人的特有感染力；在利用地形围合空间的基础上，可以利用植物、道路、小品加以连接、划分、强化，使组织空间更有序列性，更自然化（表 3-14）。

常用地形空间特点分析 表 3-14

名称	景观特征	备注
山丘	有 360° 全方位景观，外向性；巅部有控制性，适合设标志物	组织排水方便，交通组织困难
低地洞穴	360° 全封闭，有内向性；有保护感隔离感，属于静态、隐蔽的空间	排水困难，道路组织困难
山岭、山脊	有多种景观，景观面丰富，空间为外向性	排水和道路都易于解决
谷地	有较多景观，景观面狭窄，属内向性的空间，有神秘感、期待感；山谷纵向宜设焦点	沿山谷形成的水系排水，水系和道路方向一致
坡地	属单面外向空间，景观单调、变化少，空间难组织，需分段用人工组织空间，使空间富于变化	排水和道路都易于解决
半坡地	属外向性空间，视野开阔，可多向组织空间。易组织水面，使空间有虚实变化。景观单一，需创造具有竖向标志作为焦点	可随意设置道路

（3）控制视线

在垂直面中，地形可影响可视目标和可视程度，构成引人注目的透视线，创造出“景观序列”或“景观的层次”，或彻底屏障不悦目因素。

利用地形斜坡垂直度，可以将视线导向某一特定点，影响某一固定点的可视景物和可视范围，形成连续的观赏和景观序列，以及完全封闭通向不悦景物的视线。由于空间的走向，人们的视线沿着最小阻碍的方向通往开敞空间。这时将视线一侧或两侧的地形增高，可以在环境中使视线停留在某一特殊焦点上。

地形可用来“强调”、展现某个特定的目标或景物。设于较高标高的景物是较易被人们视线所捕捉的目标，处于谷地边缘或脊地上的景物，也较易被谷地中较低地面或对面斜坡的人们所观察到。

通过地形控制视线的作用，能构成一系列观察点，建立空间序列，交替展现和屏障目标，形成“断续观察”或“渐次显示”的设计手法。

（4）影响道路格局和观赏速度

利用地形，可以形成不同的道路格局和观赏速度。如果设计要求人们快速通过时，可以尽量使用水平或坡度较小的道路体系；如果设计目的要求人们缓慢走过或停驻于某一空间时，可以采用斜坡地面或有高度变化的地形，以此来引导节奏、速度和游览方向等。

（5）改善小气候

地形的正确使用，可以形成充分采光聚热的南向地势，使其长时间保持较温暖和宜人的状态；而某些区域的凸面地形、瘠地或土丘等地形，可用来阻挡冬季寒风；反过来，地形可用来采集和引导夏风；沿北和西增高的地形，可以发挥土壤的保温层效应，减少热量的散发和冷空气的渗透。

（6）利用地形排水

地表径流的径流量、方向、速度都与地形有关。从排水的角度看，种植灌木的斜坡为防止流失，须保持坡度小于 10% 的斜坡，草坪地区为避免出现积水，需有大于 1% 的坡度，所以，利用地形、改造地形、调节地表排水和引导水流方向，是景观设计的一项重要内容。

2. 场地设计的意义

在规划过程中，首先应分析自然环境的特征，其目的在于最大限度地利用这些特点，将地域景观特色进一步强化。任何时候，一个构筑物出现在基地时，其特征将被人们注目。所以优美景观的构成是一个连续的过程，当其与自然处于协调时是最佳的景观效果。

3. 地形的表现方式

常用来描绘和计算地形的方法主要有等高线法、明暗度和色彩、蓑状线、数字表示法、三维模型等，它们各具特点和用途。

（1）等高线表示法

等高线是最常用的地形平面图表示法，可以图形化地描述地表的形状和地势的区域，是一种高程相同的曲线。等高线指的是地形图上高程相等的各点所连成的闭合的曲线。所有等高线均各自闭合，绝无尽头，而且，绝不会交叉（图 3–5）。

等高差是指在一个已知平面上任何两条相邻等高线之间的垂直距离。等高差为常数，常标注在图标上。它在一个已知图示上自始至终保持不变。等高线图示在平面图上的位置、分布和特征，让人们了解地形特征。如平面图上的等高线之间的水平距离表示斜坡的坡度和一致性；等高线的间距相等，表示均匀的斜坡；间距相异，表示不规则性斜坡；等高线间距朝向坡底疏，接近坡顶密的斜坡称为凹状坡；反过来，底部密而顶部疏的斜坡为凸状坡；山谷在平面图上的标志是指向较高数值的等高线；山脊在平面图上是指向较低数值的等高线；凸形地形在平面图由同轴、闭合的中心最高数值等高线表示；凹形地形由同轴闭合、中心最低数值等高线表示，其最低数值等高线的绘制，是在等高线自身的内部，用短小的蓑状线表示。

（2）高程点表示法

在平面图或剖面图上，表示海拔高度的方法叫标高点。标高点是指高于或低于水平参考平面的某一特定点的高程。标高点在平面图上的标记是“+”字记号或一圆点，并配以相应的数值。由于标高点常位于等高线之间，所以常用带有小数点的数字的方法表示（图3-6）。

标高点的确切高度，取决于标高点的位置与任一边等高线距离的比例关系。在使用所谓“插入法”确定标高点高度时，通常假定标高位于一个均匀的斜坡上，并在两等高线间的恒定比例上下波动。标高点于相邻等高线在坡上和坡下的比例关系，与其在垂直高度的比例关系相同。所以，在某一标高点使用插入法时，首先应确定制图比例尺和等高距离比例，其次测量水平距离的比例，标高点距离等高线和低等高线的比例，从而建立两个距离之间的比例关系。

（3）蓑状线表示法

蓑状线均为互不相连的短线，与等高线垂直。它较等高线更抽象更不准确，但更直接地以图解的方式显示地图。一般是先画出等高线，然后在其间加上蓑状线。蓑状线的粗细和密度对于描绘斜坡坡度而言是一种有效的方式。一般表示阴坡的蓑状线暗而密，阳坡蓑状线明而疏。

（4）明暗和色彩表示法

明暗调和色彩最常用在“海拔立体地形图”上，以不同的浓淡或色彩在海拔地形图上，表

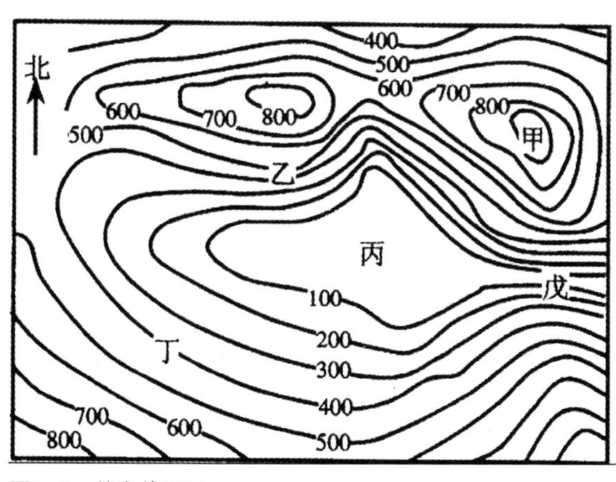

图3-5　等高线图示

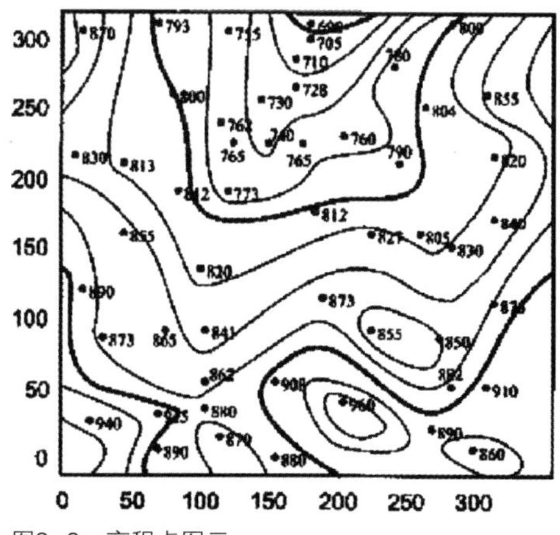

图3-6　高程点图示

示一个地区其地面高度界于两个已知高度之间。一般，较淡的色调用来表示较高的海拔，以产生有效的高度形象（图 3-7）。

明暗度和色彩也被用在坡度分析图上。用以表达和了解某一特殊地形结构的“坡度分析图”，以斜坡坡度为基准，能确定地形条件中不同部分的土地利用和景观要素选点，与被确定的斜坡数目、类型有关。深色调一般代表较大的坡度，浅色调代表较缓的斜坡。

（5）模型表示法

模型是表示地形最直接有效的方式。除了用纸板、木板、泡沫、聚苯乙烯树脂等材料制作模型外，用计算机建模是如今更快捷、方便的科学方法，同时提供使用者从各个角度观察地形各个区域的可能性（图 3-8）。

（6）比例表示法

在室外空间设计中，通过坡度的水平距离和垂直高度变化之间的比率来说明斜坡的倾斜度，这种描述地形的方法称为比例法。上述比率称为边坡率（如 4∶1，2∶1 等），第一个数表示斜坡的水平距离，第二个数代表垂直高差（图 3-9）。

（7）百分比表示法

斜坡的垂直高差除以整个斜坡的水平距离，即上升高 / 水平走向距离 ×100%。这种用数字方法表示坡度的方法称为百分比法。

4. 场地设计的方法

（1）保存

开发规划上的自然保存一般是针对具有保留价值的水系、自然地形、树林、乡土景观等的保存。

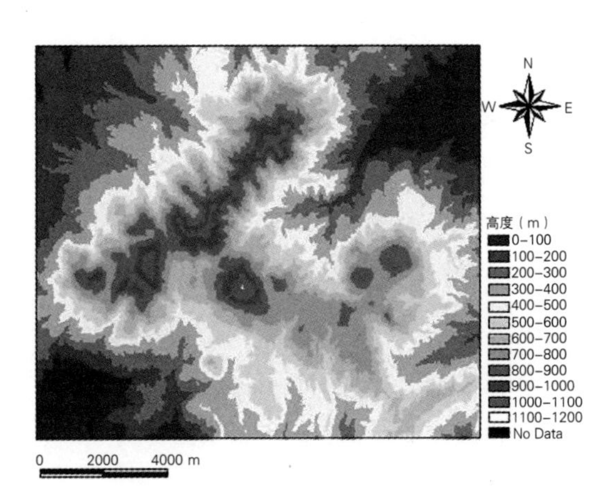

图 3-7　海拔立体地形图示

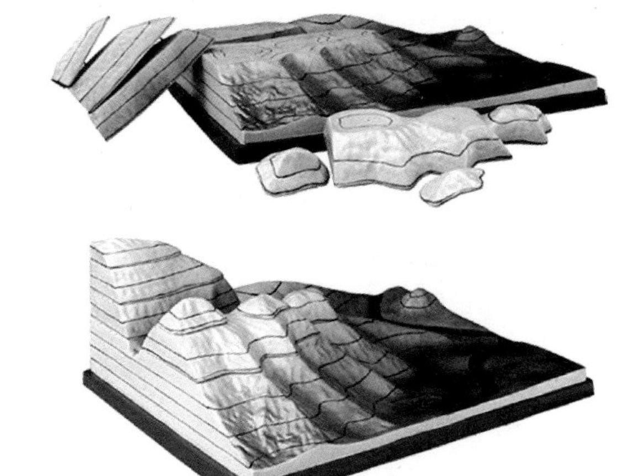

图3-8　计算机建立地形模型

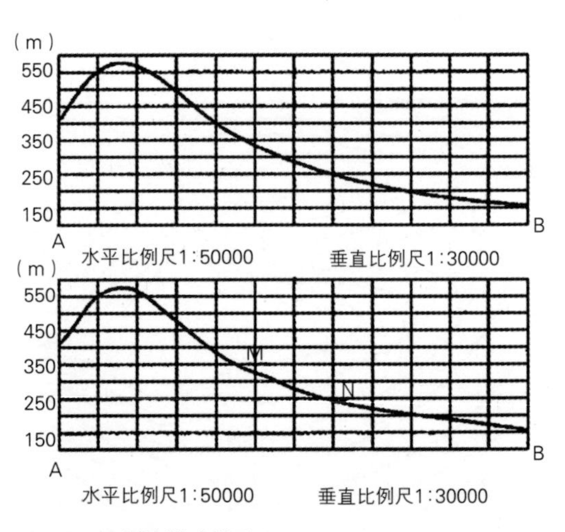

图3-9　比例法描述地形

（2）强调

堆山，强化地形，达到空间高差强化的效果。此法局部需要时可以采取，大面积处理不值。还可以进一步地细分为阶梯形和斜面式两种。

（3）变更

斜面式，特别是考虑到丘陵地植物复原的困难程度时，可作为自然保存的空间构成手法。

（4）破坏

破坏自然空间，费钱不可取的挖补填高（挖平填高），是无视场地条件有效利用的坏例子，是必须避免的。

5. 针对不同场地设计的景观手法

（1）平缓的地形

在人们休息、集散或进行一些活动的休闲景观区域，可结合平缓的地形进行景观规划设计。在平坦的地形中，远处常以常绿乔木作为背景，或以鲜花镶边，或以水池作为整个画面的焦点，弥补平坦地形的单调性。

（2）丘陵地带设计手法

调整水平高度差的基本形式，分为阶梯式与斜面式两种：阶梯式，存在雨水排放和防灾问题，其地基平坦，可作为建筑的基地；斜面式，将斜面尽量控制为缓坡，构成起伏丰富的空间，构造舒适有审美价值的景色。

（3）自然型的丘陵地开发

其在挖填地平衡、土地利用等方面问题较少，也是最容易的方法，但如果自然保存地宽度太狭窄，会使生态不安定且景观效果差。另外，由于不伤害树木的施工方法很难进行，所以必须留下具有一定面积及开阔度的自然地形。在选择利用地形中，要限制其不利的因素，突出其自然有利的方面，使自然景观丰富而优美。

（4）斜面的利用与设计

倾斜地如何进行设计，是规划设计的重点。关于倾斜地造成的空间构成能大略地分为谷底中心型和顶部中心型。

谷底中心型高低差的问题不太显著，在空间上构成具有视觉集合的环境。顶部中心型除了有干扰天际轮廓线的可能性以外，还必须考虑高低差的动态线规划。由于坡度的处理和排水设计的关系，很多被规划成干线道路，一般顶部中心型设计被采用的场合较多。因此，规划顶部的场合，特别是在建筑物的配置、景观形态等方面，应不拘泥于平面规划，在强调完整、立体、垂直构成的同时，应保持与外围景观的整体统一。

3.3 主要人文要素及利用

3.3.1 建筑物

除了关注建筑的特定功能外，景观设计师应将关注点放在建筑如何构成并限制室外室间，影响视线，改善小气候，影响毗邻景观等问题上（表3-15）。

景观建筑在景观中起到画龙点睛的作用，往往成为景观构图的中心和焦点。常用的景观建筑包括亭、廊、花架、桥、凳、景墙、雕塑、栏杆、入口景观建筑等。

建（构）筑物的景观功能　　表 3-15

作为围合元素	作为屏障元素
作为背景元素	主导景观
组织景观	控制景观
围合景观	充当框景
创造新的可控制的景观	引导新景观向外或向内延伸
强化围合空间或空间群	强化空间特征

图3-10　折线状的木质铺装道路

图3-11　曲线道路与木质铺地相结合

图3-12　植物、铺地与喷泉形成景观

图3-13　镂空的墙体对远处树木取景

3.3.2　道路景观及铺装

1. 道路景观

道路是贯穿整个景观的骨架，是联系各景区和景点的纽带。道路的引导，可以将整个景观的景色进行串联、展示，引导游览，使游人在最佳位置观赏景点。同时，道路丰富变化的曲线形式，各种各样的铺装材料，可以与周围其他景观要素相辅相成，相得益彰（图 3-10 ~ 图 3-13）。

道路在作为景观元素使用时，应更强调其舒适性和观赏性，选定路线时，应更注意沿线设施的效果，风景的变化，对地形的顺应与利用，对原有树木、风景的保存，使景观能产生最佳效果。

道路一般有直线和曲线两种平面形式。其中曲线道路有自然之美感，富于浪漫与装饰效果，在自然式庭园中，地形变化较大处，或与假山、水体、树林和幽深处相连处使用，可以体现景观的幽雅效果。而直线道路，有简单、端正、严肃之美，视觉上有延长的作用。如直线段太长时，可在路中设雕塑、水池，路边设置座椅、花坛等，以避免单调乏味。

2. 铺装景观

景观铺地是指用各种材料进行的地面铺砌装饰，包括园路、广场、活动场地、建筑地坪等。铺装的园路，不仅能组织交通和引导游览，还为人们提供了良好的休息、活动场地，同时还营造优美的地面景观，给人以美的享受，增强了园林艺术效果（图3–14、图3–15）。

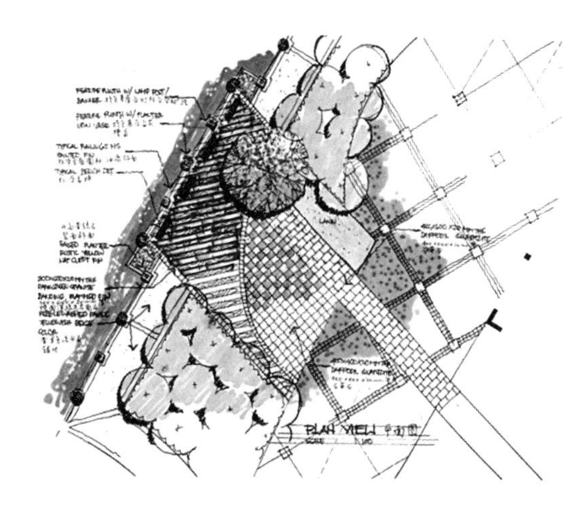

图3–14　丰富的铺装提供有趣活动场地

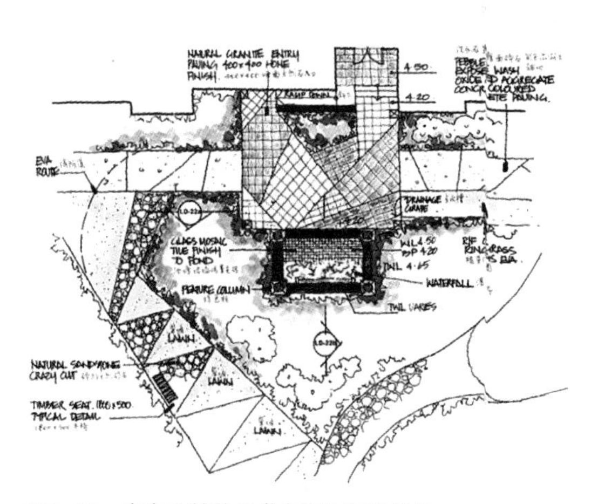

图3–15　丰富的铺装提供多变的景观效果

英国著名的造园家奈杰尔•科尔伯恩（Nigel Colborn）认为："园林铺装是整个设计成败的关键，不容忽视，应充分加以利用。"日本的景观师都田彻则进一步指出："地面在一个城市中可以成为国家文化的特殊象征符号。"由此可见，铺装景观的设计在营造空间的整体形象上具有极为重要的影响。在进行景观地面铺装时，应该注意和遵循一些原则，使其既富于艺术性，又满足生态要求，同时更加人性化，给人以美好的感受，达到最佳的景观效果。

3. 铺装要素

景观铺装表现的形式多样，但主要通过色彩、图案纹样、质感和尺度四个要素的组合产生变化。

（1）色彩

景观林铺装一般作为空间的背景，除特殊的情况外，很少成为主景，所以其色彩常以中性色为基调，以少量偏暖或偏冷的色彩做装饰性花纹，做到稳定而不沉闷，鲜明而不俗气。如果色彩过于鲜艳，可能喧宾夺主而埋没主景，甚至造成园林景观杂乱无序。

色彩具有鲜明的个性，暖色调热烈、兴奋，冷色调优雅、明快；明朗的色调使人轻松愉快，灰暗的色调则更为沉稳宁静。铺地的色彩应与园林空间气氛协调，如儿童游戏场可用色彩鲜艳的铺装，而休息场地则宜使用色彩素雅的铺装，灰暗的色调适宜于肃穆的场所，但很容易造成沉闷的气氛，用时要特别注意。

（2）图案纹样

景观铺装地面以它多种多样的形态、纹样来衬托和美化环境，增加园林的景色。纹样起着装饰路面的作用，而铺地纹样因场所的不同又各有变化。一些用砖铺成直线或平行线的路面，可达到增强地面设计的效果。通常，与视线相垂直的直线可以增强空间的方向感，而那些横向通过视线的直线会增强空间的开阔感。另外，一些基于平行的形式（如住宅楼板）和一些成一条直线铺装的地砖或瓷砖，会使地面产生伸长或缩短的透视效果，其他形式会产生更强烈的静态感。

表现纹样的方法，可以用块料拼花镶嵌，划成线痕、滚花，或用刷子刷成凹线等。

（3）质感

质感是由于感触到素材的结构面而具有的材质感。铺装的美，在很大程度上要依靠材料质感的美。材料质感的组合在实际运用中表现为三种方式：

1）同一质感的组合可以采用对缝、拼角、压线等手法，通过肌理的横直、纹理设置，纹理走向、肌理微差、凹凸变化实现组合构成关系。

2）相似质感材料的组合在环境效果上起到中介和过渡作用。如地面上用地被植物、石子、砂子、混凝土铺装时，使用同一材料的比使用多种材料容易达到整洁和统一，在质感上也容易调和。而混凝土与碎大理石、鹅卵石等组成大块整齐的地纹时，由干质感纹样的相似统一，易形成调和的美感。

3）对比质感的组合，会得到不同的空间效果，也是提高质感美的有效方法。利用不同质感的材料组合，其产生的对比效果会使铺装显得生动活泼，尤其是自然材料与人工材料的搭配，往往能使城市中的人造景观体现出自然的氛围。例如：在草坪中点缀步石，石的坚硬、强壮的质感和草坪柔软、光泽的质感相对比。因此在铺装时，应强调同质性。但同质性太强，过于单调时，可重点选用有中间性效果的素材。

在进行铺装时，要考虑空间的大小，大空间要粗犷些，可选用质地粗大、厚实、线条明显的材料。因为粗糙，往往让人感到稳重、沉着、开朗。而小空间则应选择较细小、圆滑、精细的材料，以细质感给人轻巧、精致的柔和感觉。所以大面积的铺装可选用粗质感的材料，细微处、重点处可选用细质感的材料。

（4）尺度

铺装图案的大小对外部空间会产生一定的影响。形体较大、较开展会使空间产生一种宽敞的尺度感，而较小、紧缩的形状，则使空间具有压缩感和亲密感。图案尺寸的大小不同以及采用与周围不同色彩、质感的材料，能影响空间的比例关系，可构造出与环境相协调的布局。铺装材料的尺寸也影响其使用。通常大尺寸的花岗石、抛光砖等板材适宜大空间，而中、小尺寸的地砖和小尺寸的玻璃锦砖，更适用于一些中、小型空间。但就形式意义而言，尺寸的大与小在美感上并没有多大的区别，并非越大越好。

3.3.3 景观小品及设施

景观小品主要指各种材质的公共艺术雕塑，

或者艺术化的公共设施如垃圾箱、座椅、公用电话、指示牌、路标等。

1. 景观小品及设施类型

小品以多彩的面貌活跃在景观设计中，它主要分成几大类。休闲需要的小品：如座凳、凉亭靠椅、伞架、小卖部等。信息需要的小品：如路标、导游指示牌、时钟、广告牌、报刊栏等。装饰需要的小品：如喷泉、花坛、雕塑等。生活需要的小品：如垃圾箱、邮筒、卫生设备、饮水器、路灯等。小品一般体积不大，功能单纯，在景观中起点缀的作用，是景观设计交响曲中的音符，没有它便谱不成曲调。

2. 景观小品及设施特点、目的

（1）装饰性园林小品（图3-16～图3-19）

雕塑在古今中外的造园中被大量应用，从类型上可大致分为：预示性雕塑、故事性雕塑、寓言雕塑、历史性雕塑、动物雕塑、人物雕塑和抽象派雕塑等。雕塑在园林中往往用寓意的方式赋予园林鲜明而生动的主题，提升空间的艺术品位及文化内涵，使环境充满活力与情趣。

（2）水景小品（图3-20、图3-21）

水景小品主要是以水的五种形态（静、流、涌、喷、落）为内容的小品设施。水景常常为城市绿地某一景区的主景，是游人视觉的焦点。在规则式园林绿地中，水景小品常设置在建筑

图3-16 历史人物纪念雕塑

图3-17 历史事件纪念浮雕

图3-18 具有文化寓意的动物雕像

图3-19 具有宗教寓意的动物雕像

图3-20　自然式绿地水景小品

图3-22　起到围合、增加景深作用的景观墙

图3-21　人工景观水景小品

物的前方或景区的中心，为主要轴线上的一种重要景观节点。在自然式绿地中，水景小品的设计常取自然形态，与周围景色相融合，体现出自然形态的景观效果。

（3）围合与阻拦小品（图 3-22）

包括园林中隔景、框景、组景等小品设施，景墙、漏窗、花坛绿地的边缘装饰、保护园林设施的栏杆等等。这种小品多数为建(构)筑物，对园林的空间形成分隔、解构，丰富园林景观的空间构图，增加景深，对视觉进行引导。

（4）功能性园林小品

1）展示设施（图 3-23、图 3-24）

展示设施包括各种导游图版、路标指示牌，以及动物园、植物园和文物古建、古树的说明牌、阅报栏、图片画廊等。它对游人有宣传、引导、教育等作用。设计良好的展示设施能给游人以清晰明了的信息与指导。

2）卫生设施（图 3-25、图 3-26）

卫生设施通常包括厕所、果皮箱等，它是环境整洁度的保障，是营造良好景观效果的基础。卫生设施创造了舒适的游览氛围，同时体现了以人为本的设计理念。卫生设施的设置不但要体现功能性，方便人们的使用，同时不能产生令人不快的气味，而且其形式与材质等要做到与周边环境相协调。

3）灯光照明小品（图 3-27）

灯光照明小品是为了园林夜景效果而设置的，主要包括路灯、悬庭院灯、灯笼、地灯、投射灯等。其各部分构造，包括园灯的基座、灯柱、灯头、灯具等都有很强的装饰作用。灯光照明小品不仅具有实用性的照明功能，突出其重点区域，同时本身的观赏性也成为园林绿地中饰景的一部分，其造型的色彩、质感、外观应与整个景观的环境相协调。

图3-23 路标指示牌

图3-24 导游图板

图3-25 分类垃圾箱

图3-26 公共厕所

图3-27 夜间装饰墙壁的灯光照明小品

图3-28 结合环境布置的休憩设施

4）休憩设施（图 3–28）

休憩设施包括亭、廊、餐饮设施、座凳等等。休憩设施为游人提供了休息与娱乐的功能，有效提高了园林场所的使用率，也有助于提高游人的兴致。休憩设施设计的风格与园林环境应该构成统一的整体，并且满足不同服务对象的不同使用需求。

座凳设计常结合环境，或用自然块石堆叠形成凳、桌；或利用花坛、花台边缘的矮墙边缘的空间来设置椅、凳等；或围绕大树基部设椅凳，既可休息，又能纳凉。其位置、大小、色彩、质地应与整体环境协调统一，形成独具特色的景观环境要素。

5）通信设施（图 3–29）

通信设施通常指公用电话亭。由于通信设施的设计通常由电信部门进行安装，对色彩及外形的设计与园林景观本身的协调性存在不一致。通信设施的安排除了要考虑游人的方便性、适宜性外，同时还要考虑其视觉上的和谐与舒适。

6）音频设施（图 3–30）

音频设施通常运用于公园或风景区中，起讲解、通知、播放音乐、营造特殊景观氛围等作用。通常造型精巧而隐蔽，多用仿石块或植物的造型安设于路边或植物群落当中，以求跟周围的景观特征充分融合，让人闻其声而不见其踪，产生梦幻般的游园享受。

图3–29　路边便民公用电话亭

图3–30　仿石块外形的音频设施

第 4 章
景观规划设计基础

4.1 空间设计基础

4.1.1 空间

空间（space），物理学定义为与时间相对的一种物质存在形式，表现为长度、宽度、高度。在设计学中，空间作为与实体对立的要素存在，人们在形形色色的空间中完成生产和生活的各个活动，并具有形式、质感、色彩、图案、声音、比例、尺度等各种特征。所以，空间是物质存在的一种客观形式，是物质存在的体量、位置与形态，不同空间会给人们带来不同的视觉感受和心理感受（图 4–1、图 4–2）。

“空”指的是虚无能容纳之处，向四周无限延伸和扩展，无形但可以感觉得到；“间”是门字和日字组成，意为两扇门之间有阳光，即见空隙、空当之意。

既然空是虚无，间是空隙，那么两个物体（或者两个事物）之间才会有空隙，可见空间的形成必须依赖有形的实体，用有形的物体来限定广漠无形的空，使无限变成有限，无形变成有形，才能形成可以利用的空间。

被形态所包围、限定的空间为实空间，其他部分称为虚空间，虚空间是依赖于实空间而存在的。所以，谈空间不能脱离形体，正如谈形体要联系空间一样，它们互为穿插、透漏，形体依存于空间之中，空间也要借形体作限定，离开实空间的虚空间是没有意义的；反之，没有虚空间，实空间也就无处存在（图 4–3）。

图4–1 下垫面的改变，将空间分为了道路空间和绿化空间

图4–2 在广阔的集市上，商贩用一块布铺在地上，就限定了它可以利用的经营场所

图4–3 空间由实体和虚体共同组成

4.1.2 景观空间

景观空间主要指外部空间，它没有具体的形状和明确的界线，具有不确定性的特点，表现为空间的模糊性、开放性、透明性和层次性。

景观空间是从物体的光、形、色引发人的直觉的角度，引出视觉空间。

景观空间是人所存在的空间，旨在为人的

游憩而塑造的空间。可以理解为山体、天空、水体、植物、建筑、地面与道路等所构成的全景空间。

4.2 空间类型及特征

4.2.1 空间的特性

1. 古人对空间特性的确定

春秋时期，管仲与老子把空间比作炼铁用的风箱——橐（tuó），“……宙合有橐天地，天地苴（jū，义居）万物，故曰万物之橐。宙合之意，上通于天之上，下泉于地之下，外出于四海之外，合络天地为一裹。散之至于无间，大之无外，小之无内，故曰有橐天地”（《管子·乘马》）。管子的橐不同于一般的风箱，它“大之无外”，是没有挡板的，是设想的一种风箱空间，天地万物只是这无边风箱中的裹物。老子曰：“天地之间，其犹橐龠（yuè，风箱后部的导风管）乎？虚而不屈，动而愈出。”（《老子·道德经》）老子的橐龠是虚而不屈的，即空间不会弯曲。同时，它的空间是开放的，即“动而愈出”。墨子、尸佼等人以“宇”来比喻空间，“宇”在古代是屋的同义语，屋宇就是容人居住的容所。“宇，弥异所也。”（《墨子·经上》）“上下四方曰宇。”（《尸子·卷下》）

墨子、尸佼的宇是无墙壁与底盖的宇，它代表上、下、东、西、南、北几个方向的空间，同笛卡儿的三个空间坐标轴类似，我们现在所用的“宇宙”一词便从这个“宇”字而来。

庄子把空间叫作“六合”，“六合之外，圣人存而不论”（《庄子·齐物论》）。这六合喻指盒子的六块挡板，代表上、下、前、后、左、右六面，空间就是由这六个面合成的。六合之外的事物，圣人是无法讨论的，只能存想于心。“有实而无乎处者，宇也。”（《庄子·庚桑楚》）“至大无外，至小无内。”（《庄子·天下》）庄子认为空间是充满实体的，无处（无边）的，无外（无限）的，无内（有实）的。

古希腊柏拉图（Plato，公元前428～前348年）把空间理解为场所，“空间作为存在者和变化者之外的第三者，在世界生存之前就已经存在了。……它像一个母体，为万物的生成提供了一个场所”（《蒂迈欧》）。这里的“存在者”、“万物”就是物质的概念，“变化者”、“生成”就是时间的概念，“母体”、“场所”便是空间。空间、时间、物质三者是柏拉图所认识的三种根本性存在，空间同管子所讲的“橐”（风箱或口袋）一样，是用来装天地万物的场所。

柏拉图的学生亚里士多德（Aristotle，公元前387～前322年）是第一个给空间下定义的人，他在《物理学》一书中把空间称为“地位”，地位具有四种根本特性：①地位是一事物的直接包围者（即空间），而又不是该事物的部分；②直接地位既不大于也不小于内容物；③地位可以在内容物离开后留下来，因而是可以分离的；④整个地位有上下之分，每一种元素按其本性（即重力）都趋向它们各自特有的地位，并在那里留（沉浮）下来。

老子在《道德经》提出："埏（shān）埴以为器，当其无，有器之用。凿户牖（yǒu）以为室，当其无，有室之用。故有之以为利，无之以为用。"即人们建房、立围墙、盖屋顶，而真正实用的却是空的部分；围墙、屋顶为"有"，而真正有价值的却是"无"的空间；"有"是手段，"无"才是目的。

"三十辐，共一毂，当其无，有车之用。埏埴以为器，当其无，有器之用。凿户牖以为室，当其无，有室之用。故：有之以为利，无之以为用。"意为如果没有车子的辐和毂，没有陶土，没有复杂的砖瓦墙壁这些具体的"有"，那些空虚的部分又从哪里来？又怎能有车、器、房子的用处？我们用的是"无"的部分，但是由"有"形成的。

2. 景观规划中的设计空间特性

（1）空间的宏观特性

1）空间的限定性；

2）内外通透性；

3）可感知的内部性和外部性。

（2）空间的微观特性

1）空间的虚实；

2）空间的开闭（开敞空间和闭合空间）；

3）空间的尺度；

4）空间的抽象属性（崇高性空间寄情性空间、畅情性空间）；

5）空间的层次、序列及轴线引导：空间层次（视觉上的空间层次、非视觉直观的空间的层次）；

6）空间序列、空间轴向。

4.2.2 空间分类

空间的分类方法很多，这里主要介绍三类，即按照实体限定空间的强度、空间限定的方法和空间功能三种方式进行分类。

1. 按照实体限定空间的强度的分类方法

按照实体限定空间的强度进行分类，可分为3类（表4–1）。

2. 按照空间限定的方法分类

按照空间限定的方式进行分类，可分为7类（表4–2）。

3. 按照空间的功能分类

空间的功能包括物质功能和精神功能，二者是不可分割的。

物质功能体现出空间的物理性能，如空间的面积、大小、形状、通行空间、消防安全空间等措施。同时还要考虑到采光、照明、通风、隔声、隔热等物理环境。

空间的精神功能是建立在物质功能基础之上，在满足物质功能的同时，以人的文化、心理精神需求为出发点，从人的爱好、愿望、审美情趣、民族习俗、民族风格等方面入手，创造出适宜的空间环境，使人们获得精神上的满足和美的享受。满足人们物质与精神要求的室内外空间，与经济条件、设计师的艺术修养、人们的审美要求等许多因素密不可分。

（1）实用空间

包括城市中人流集散空间、供生产生活用的建筑内外空间等（图4–4）。

（2）观赏空间

实体限定空间的强度进行分类 表 4-1

分类	特点	细类
闭合空间	主要空间界面是封闭的，视线无流动性，空间界面的限定性十分强烈，空间形象十分鲜明	直线系空间
		曲线系空间
中界空间	外部空间和内部空间的过渡形态	产生围中有透、透中有围的协调感
开放空间	主要空间界面是开敞的；对人的视线阻力相当弱；大幅度空间没有界面，没有顶界面	开敞空间
		半开敞空间

包括雕塑环境空间，部分古园林空间、工艺美术空间等（图 4-5）。

（3）观赏与实用相结合的空间

包括纪念性建筑空间，现代园林空间等（图 4-6）。

4. 按照空间自身变化与周围环境的关系进行分类

根据空间自身的变化或与周围环境的关系，空间可分为开敞空间、封闭空间、固定空间、可变空间、动态空间、静态空间等。

（1）开敞空间

开敞空间的开敞程度取决于有无侧界面，侧界面的围合程度，开洞口大小及启闭的控制能力等。相对封闭空间而言，开敞空间界面围护的限定性很小，常采用虚面的形式来围合空间。开敞空间是外向性的，限定度和私密性小，强调与周围环境的交流、渗透，通过对景、借景等手法，与大自然或周围空间融合。与同样大小的封闭空间比较，开敞空间显得更大一些，心理效果表现为开朗、活跃，性格是接纳性的。

图4-4 客运汽车站前广场作为实用空间，供人流集散使用

图4-5 传统园林中的环境空间作为观赏空间，供游人休憩、欣赏和把玩

空间限定方法分类 表 4–2

序号	类型	模式图	实例图	说明
1	围合形成的空间			围合所形成的空间是最典型和最容易被理解的空间形式。对围合形成的空间来说，被围起来的内侧空间，是围合的主要目的。作为抽象的模式所表达的围合形式虽然很简单，但由于限定要求形态的千变万化（如形式、肌理、色彩、高低、疏密等），实际上围合所形成的空间是多种多样的
2	覆盖形成的空间			覆盖形成的空间可以起到遮蔽的作用，如遮烈日、遮强光、避风雨等。作为抽象的模式所表达的覆盖形式应该飘浮在空中，要做到这点是很困难的，一般都采取下面支撑或在上面悬吊限定要素来形成空间
3	凸起形成的空间			凸起所形成的空间高出周围地面。由于凸起形成一种小土丘式或阶梯式的空间。故这种空间形式有展示、强调、突出、防御等优越性。它可以限制人们的活动，或者用于不能随便进入的领域
4	下沉形成的空间			下沉形成的空间低于周围的空间，是采用一种低洼盆地或倒阶梯形式的限定而形成的。它与“凸起”相比有相似的意图，只是前者为“正”，后者为“负”。这种下沉式空间在外部环境中有时会起到意想不到的效果，如远观能保持环境空间的完整性、连续性，近观则不但只有“限制人们活动”的功能，而且为周围空间提供了一个居高临下的视觉倾向，更能发挥展示、防御等功能
5	设置形成的空间			设置形成的空间是把物体独立设置于空间中所形成的一种空间形式。由于“中心限定”的作用，在限定要素周围形成了一种环形空间，使空间具有向心性。中心的景观往往是吸引人们视线的焦点
6	架空形成的空间			架空形成的空间与凸起形成的空间相似，其不同的地方在于架空形成的空间“解放”了原来的基地，在它的下方创造了从属的限定空间。在外部空间中，“架空”使空间垂直方向相互穿插，从而创造了更为活跃的空间形式
7	变化质地形成的空间			变化质地形成的空间，主要是指变化底面要素的质地和色彩所形成的空间，其限定要素具体的限定度非常低，但有时抽象的限定度又相当高，如城市道路上的人行横道线等

图4-6 纪念建筑广场具有观赏性，而且有供市民游憩，集会的功能

（2）固定空间

固定空间一般是设计时就已经充分考虑了它的使用情况，是功能明确、位置固定、范围清晰肯定、封闭性强的空间。可以用固定不变的界面围合成，常用承重结构作为它的围合面。

（3）可变空间（灵活空间）

可变空间与固定空间相反，可以根据不同使用功能的需要改变其空间形式，是受欢迎的空间形式之一。可变空间的优点主要体现在：

1）适应社会不断发展变化的要求，适应快节奏的社会人员变动而带来的空间环境的变化。

2）符合经济的原则。可变空间可以随时改变空间布局，适应使用功能上的需要，从而提高空间使用的效率。

3）灵活多变性满足了现代人求新、求变的心理。如多功能厅、标准单元、通用空间及虚拟空间都是可变空间的一种。

5. 以感受性进行分类

动态空间：动态空间是利用建筑中的一些元素或者形式给人们造成视觉或听觉上的动感。

静态空间：安静、平和的空间环境是人们生活所需，与动态空间相比，静态空间形式稳定，常采用对称式和垂直水平界面处理。

4.2.3 空间感的建立和应用

1. 以点、线、面限定空间的空间感

（1）点限空间

指由相对集中的点所限定的空间，它给人以活泼、轻快和运动感。单纯以相对集中的点来限定空间的情况比较少，一般与线或面，或线、面一起限定空间的情况较多。点限空间中，点景是相对于整个环境而言的，通常景观空间尺度较小，而且主题元素突出，易于被人感知与把握，如一些装饰性的空间雕塑、夜晚的灯光球场等（图 4–7）。

（2）线限空间

指通过线体的排列所限定的空间。它具有轻盈、剔透的轻快感，有朦胧、半透明的空间效果，具有抒情的意味（图 4–8）。

（3）面限空间

指用面体来限定的空间。面限空间分平面空间和曲面空间。平面空间给人以单纯、朴实、简洁感，曲面空间给人以丰富、柔和、抒情感。面限空间可以构成各种空间形态，给人以不同的空间感（图 4–9、图 4–10）。

面限空间因为尺度较大，空间形态较丰富，所以城市公园、广场，甚至整个城市都可作为整体面限空间进行综合设计。

2. 空间生理感和心理感的建立（表 4–3）

图4–7 巴塞罗那馆中的雕塑形成点限空间，极具活泼感

图4–8 公园的线形景观挡土墙既形成了线形空间，曲线状的空间又使得氛围显得轻快、活泼

图4-9 平面的游泳池空间给人舒缓、亲切的感受

图4-10 垂直的城墙给人庄严、崇高的感受

不同的空间形式具有不同的方向感 表 4-3

空间形式	图示	说明
锥形空间		各斜面具有向两端延伸并逐渐消失的特点，使空间具有上升感
方形六面体空间		空间的高、宽、深相等，产生一种向心的指引感，由于这种向心的指引感和空间匀质的围合性，给人以停留的感觉
圆柱形空间		四面八方距轴心均相等，故有高度的向心性，给人一种团抱的感觉，是一种集中型的空间形式
球形空间		各部分匀质地向空间中心包围，令人产生强烈的封闭感和空间压缩感
矩形空间		有明显的方向性和流动的指向性。水平的矩形空间给人以舒服的感觉，垂直的矩形空间使人产生上升感
转角交叉空间		有方向性。转角空间将人们的注意力引向转角处，交叉空间则向交叉中心指引
螺旋形空间		有明显的流动指向性

3. 不同空间感的变化（表 4–4）

4. 空间尺度感的变化

根据人眼的视野范围，视点和物体的距离（D）与物体的高度（H）之比等于 2（$D/H=2$，相当于仰角为 27°）时，可以看到物体的全貌；

如果视距小于物体高度的 2 倍（即 $D/H<2$），则不能看见物体全貌；

若 $D/H=3$，仰角为 18° 时，可以看见物体的群体。

限定物高度与距离关系的变化也能产生不同的空间感。

$D/H=1$ 时，限定物高度与间距有匀称感；$D/H>1$ 时，限定物之间产生远离感；$D/H<1$ 时，开始逐渐产生封闭感（如果限定物非常高大，甚至产生压迫感，但在用于与人的尺度相适宜的空间，如私密空间时，可以产生亲密感）；$D/H>4$ 时，限定物之间的影响比较薄弱（图 4–11）。

空间的大小、高低变化给人的空间感　　表 4–4

1. 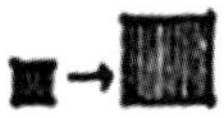	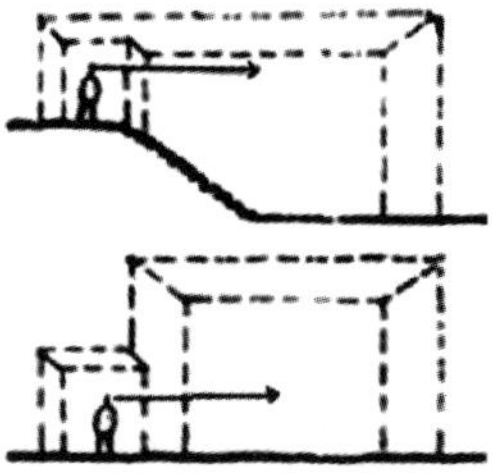	从小空间到大空间，采用了先“收”后“放”的对比手法。造成大空间容积扩大的效果，使人觉得豁然开朗，并给人一种从私密空间进入公共空间的感觉
2. 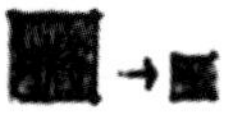	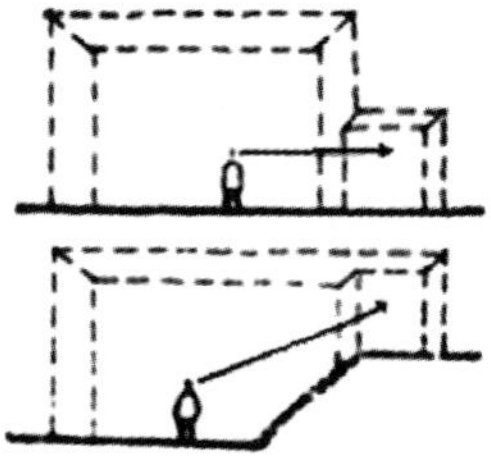	从大空间到小空间，使人心理上产生凹入感和收缩感。如小空间升高，会产生像登山那样的升高感
3. 	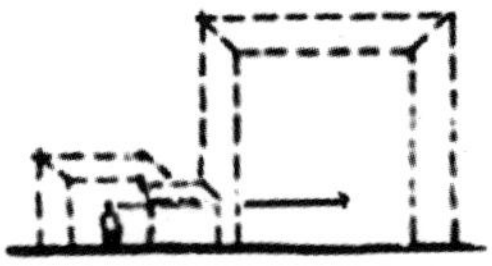	从中等空间经小空间再进入大空间，这是一个有层次、节奏、对比，有前奏、低潮、高潮的完整的序列空间，给人隆重、庄严的感觉
4. 	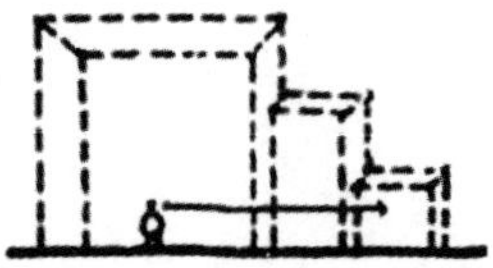	从大空间到中等空间，再进入小空间，使人产生制动、终结、休止的感觉

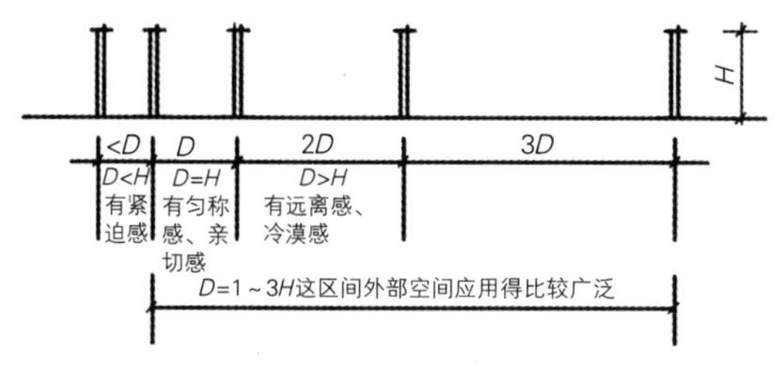

图4-11 限定物高度与距离关系的变化产生的空间感
改编自：张维妮. 景观设计初步[M]. 北京：气象出版社，2004：183-184

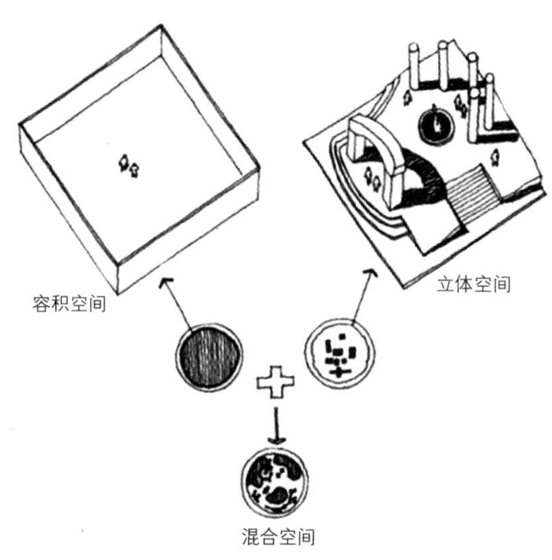

图4-12 水平和垂直两种空间组织形式

4.2.4 景观空间的组织

1. 界线与界面

（1）普通空间的组织

普通空间的组织分为水平方向和垂直方向两种组织形式。其中，水平方向可以组织出围合和独立的空间形式，垂直方向则通过覆盖、肌理变化、凹凸和架起等形式组织空间（图4-12）。

（2）景观空间的组织

空间界定三要素分为地面、顶面、垂直面，而界定的方式可细分为以下 7 种：

1）围——垂直面的界定；

2）覆盖——顶平面的界定；

3）凸出；

4）凹入；

5）架起；

6）设立；

7）肌理变化——地平面的界定。

大尺度的自然景观空间常以地为底，山为墙，与天空之交界为天际线，三者成为空间界定不可缺少的因素（图 4-13）。

（3）景观空间的对比

可分为大小对比、虚实对比、主从对比、形体对比、开合对比、人工和自然的对比、景观空间的分割与渗透等。

（4）景观空间序列的建立

可建立游览路线与动态空间序列（闭合的环形空间序列、贯穿串联式的空间序列、辐射并联式的空间序列）、景观视线与动态空间序列（开门见山和众景先收、半隐半现和忽隐忽现）、景观空间轴线的组织（作为统一要素的轴线组织、对称轴线空间组织、非对称轴线空间组织）等。建立景观空间序列的手法包括以下几点：依地形地貌分割空间、利用植物材料分割空间、以水体分割空间、以建筑和构筑物分割空间、以道路分割空间。

2. 空间组成基本原则

（1）东方人的观念

佛道影响、宇宙观的结合、山水画的特征、流动灵活和自由多变（图 4-14、图 4-15）。

（2）西方人的观念

数学和几何学、居住尺度创造真实而有限

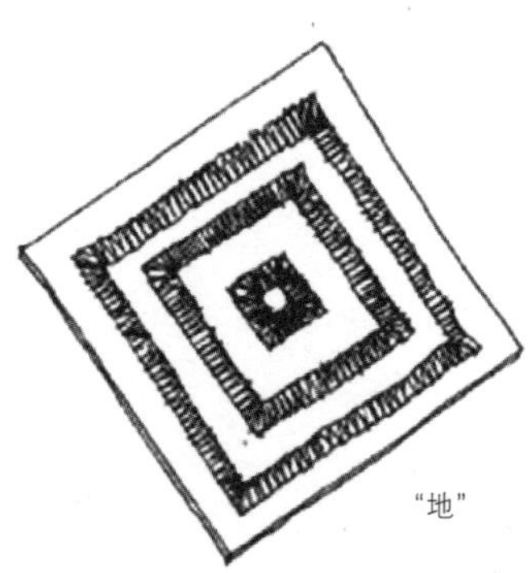

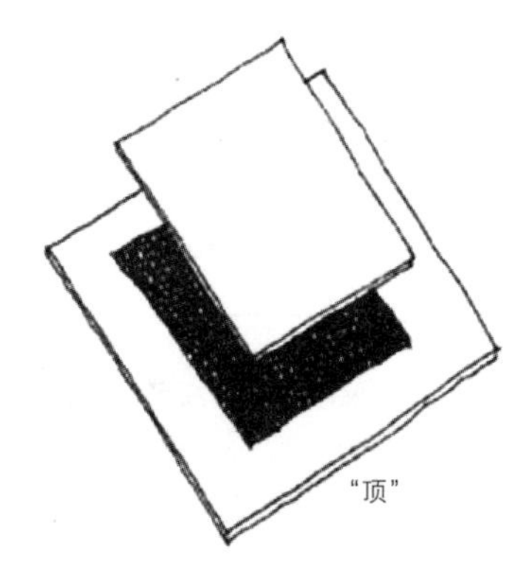

图4-13　构成空间的三要素

图4-14　灵动活泼的中国山水画

图4-15　具有中国传统宇宙观的天坛祈年殿

的空间（图 4-16~ 图 4-18）。

3. 群体空间组成的基本原则

群体空间的组织必须通过空间的大小、比例、节奏、对位，以及对过渡空间设置的合理规划，满足统一的造型形式并表现特定感情的需要。

（1）空间的大小

在空间的组织中，大小空间穿插和变化会造成人不同的心理影响。如果在空间组织中没有大的主导空间形态来控制全局，会使空间丧失主从关系，导致空间的主导性格模糊不清。

（2）空间的比例

各空间的比例关系恰当，有利于增强群体空间的整体性。

（3）空间的节奏、层次和序列

空间的组织有节奏感，可使空间造型有情调，有趣味。

空间的不同层次对空间范围的大小、开闭程度、纹理粗细、小品选择与布置等都有不同的要求。空间的层次可以按功能予以确定，如公共的→半公共的→私有的，外部的→半外部的→内部的，嘈杂的→中间性的→宁静的，动态的→中间性的→静态的。

按空间构图规律进行组合形成的群体空间一般可分为规则排列的组合空间（具节奏感、

图4-16 西方严格的几何形窗花

图4-17 具象的几何形西方园艺

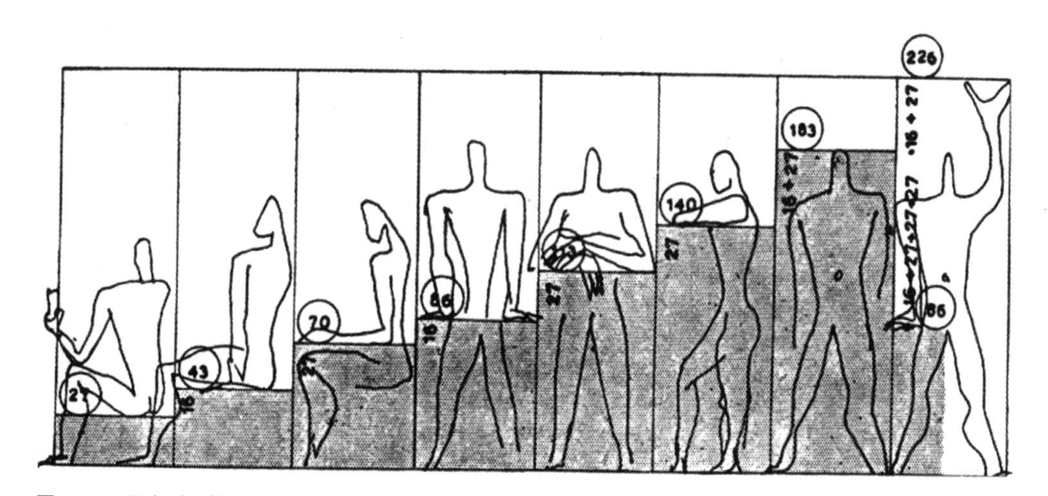

图4-18 西方对人体尺度进行的研究
改编自：汤小敏，王云.景观艺术学——景观要素与艺术原理[M].上海：上海交通大学出版社，2009：216-217

韵律感）、自由散点式组合空间（排列自由、组合多变、布置灵活，能形成活泼、轻松、多变而丰富的空间感）。为加强群体空间的整体性，可按一定关系定位、排列，形成具有鲜明秩序感的空间序列。这种序列可以是按轴线展开的序列空间，也可以是自由展开的空间序列。前者能形成庄严肃穆的空间效果，后者往往具有前奏、过渡、高潮、尾声的逻辑序列，同时具有自由、活泼的布局（图4-19~图4-23）。

（4）空间的质感

空间质感是指空间内各组成要素表面质地的特性给人的感受。质感按人的感觉可分为视觉质感和触觉质感视觉、触觉加上心理反应综合而成人的最终感受。

质感的表现分为粗、细、光、麻、软、硬等类型。粗的质感朴实、厚重、粗犷；细的质感精细、高贵、洁净，中间状态的质感温和、柔软、平静，光滑的质感有华丽、高贵、轻快

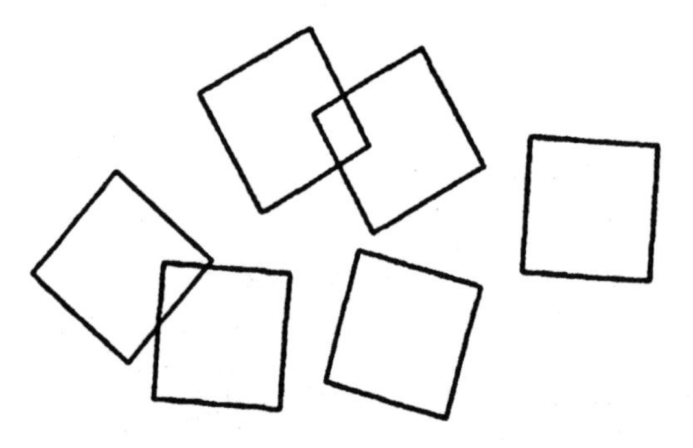

无序性。缺乏统一，协调和趣味，这一排列削弱了小方形之间的联系

图4-19　无序排列

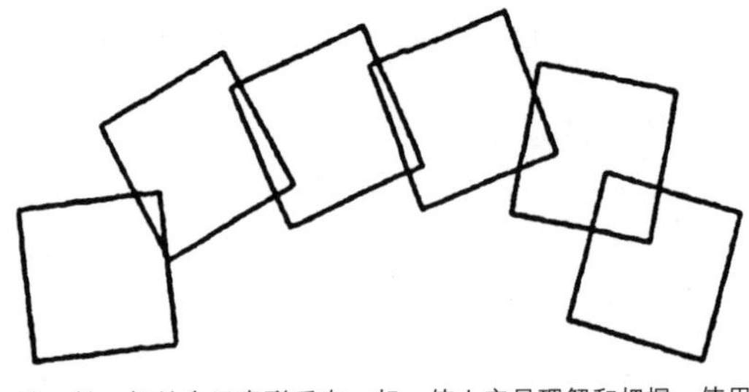

统一性。把单个元素联系在一起，使人容易理解和把握。使用了弯曲的组织形式，并反复使用同一图形，是统一的，但是连接是呆板的

图4-20　有序排列

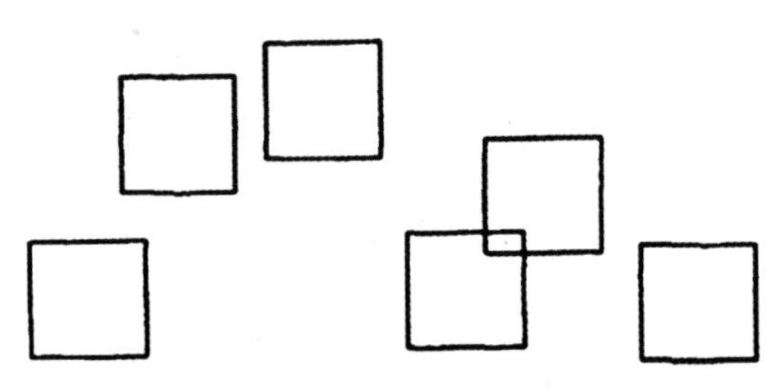

协调性。元素和它们周围环境间相一致的一种状态，是针对各元素间的关系而不是整个画面，那些混合、交织、彼此适合的元素都是协调的，而那些干扰彼此的完整性或方向的元素是不协调的。关键在于保持平滑的过渡，牢固的连接，不同元素间的缓冲。真实性和实用性有利于提高协调性。因对应边相互平行是协调的，但就整幅画图而言，各单元间缺乏联系，故缺乏统一性

图4-21　弱联系排列

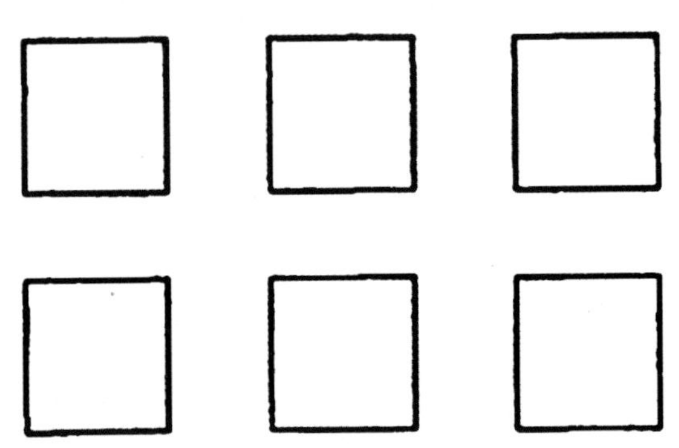

统一且协调。布局在矩形中有统一、协调，但缺乏趣味性

图4-22　规整排列

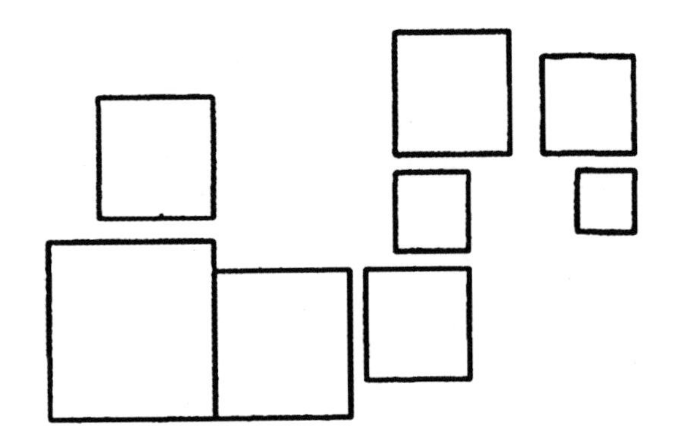

统一、协调且趣味性。使用易于引起探索和惊奇兴趣的特殊原色及不寻常的组织形式，能进一步增强其趣味性。统一于“S”中，所有对应又具有协调的平行关系，不同尺寸的正方形增加了趣味性

图4-23　新奇排列

的情调，麻的质感有稳重、朴实和亲切的表情，硬的质感有刚健、坚实、冷漠感……

各种质感在空间中应遵循一定的配置原则：

1）使粗、中、细的质感具有明显的对比性，在满足人的舒适感情况下，三者的比例宜为1∶3∶5，或2∶4∶6；

2）在粗、中、细的质地中，必须使其中的一种质感效果占优势；

3）粗、中、细的质感关系要有明确的等级差别，使人易于辨识，避免两种质感粗细相似，模糊不清；

4）质感的选择应服从总体构思，避免出现自成体系的情况；

5）质感类型不宜过多，同种要素一般控制在 3 种类别以内。

在外部空间设计中质感和观察距离关系密切，不同距离只能观察到相应尺度的纹理。如人靠近观察的物体时能充分观赏到该物体材料的质感，此为第二次质感。空间设计时可分别按适宜视距有意识地进行布置，这叫作“重复质感”的方法。用此法进行植物配置和树种选择所形成的肌理搭配，会取得较好的景观效果。

（5）空间与空间的限定

对大自然而言，空间是无限的。但就人们的生活环境而言，空间和实体是相对存在的，凡实体以外的部分都可以称为空间。

对人的感受而言，空间是指在实体环境中所限定的空间的“场”，或被看作是实体暗示出来的一种视觉的“场”，即实体与实体间的关系所产生的相互吸引的联想环境。

1）如果用同样大小 6 个面作立方体，外部叫立体，其内部就形成空间。形成空间的 6 个面就是空间的限定因素。空间由限定开始，空间的限定又由各种要素构成。限定空间的各种要素可以抽象成线状、栅状、网状和面状（表 4-5）。

2）限制空间感最强感觉的实体主要是面状，

限定要素形状及其与人相对位置关系　　表 4-5

序号	位置	线状		栅状			网状	面状
1	顶部							
2	上部							
3	侧上部							
4	侧部							
5	侧下部							
6	下部							

其次是线通过排列为线状，表现出“面状”的感觉而造成空间“场”，最弱的是由点的聚集形成的空间场。在有两种不同形式的限定下，为了比较和判别限定程度的强弱和高低，可以用“限定度”来表示其限定要素的特性、形状以及使用要素的方法（表 4–6）。

3）空间最基本的构成要素是底面要素、垂直要素和水平要素。由于构成空间的要素和位置不同，可产生各种不同的空间效果（表 4–7、表 4–8）。

各种限度要素的限定度分析　　表 4–6

限定度高		限定度弱	
要素高		要素低	
要素宽		要素窄	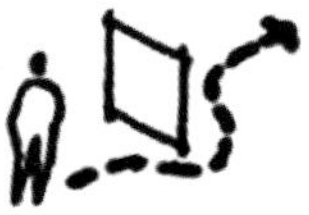
到要素距离近		到要素距离远	
要素形态向心		要素形态离心	
格栅要素间隔窄		格栅要素间隔宽	
要素的凹凸少	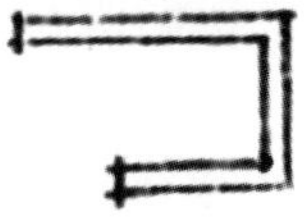	要素的凹凸多	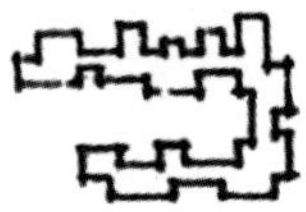
要素封闭		要素开敞	
视野窄		视野宽	

续表

限定度高		限定度弱	
视线不能通过		视线可以通过	
通过度少		通过度多	
要素的质地硬如铁、混凝土		要素的质地软如木、布、纸	
要素移动困难		要素移动容易	
环境明度低		环境明度高	

对垂直要素构成空间的分析　　表 4-7

1	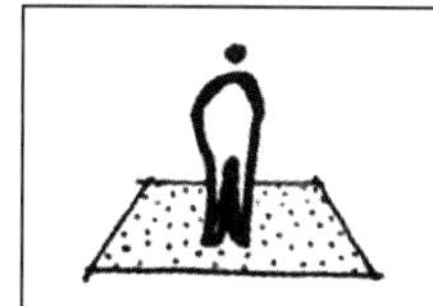  
	当只有底面要素时，空间无封闭感，限定要素对人的视线无任何遮挡作用
2	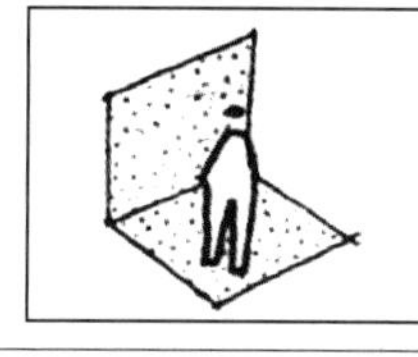  
	当增加 1 个垂直要素时，人在面向要素的情况下，要素才对人的空间感有限定作用
3	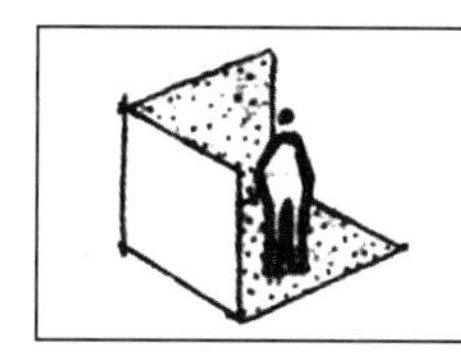 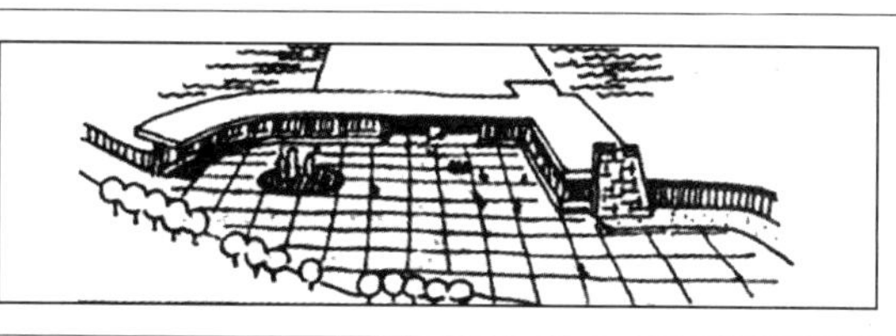
	当有 2 个相交的垂直要素时，空间有一定的围合感，但领域不太明显
4	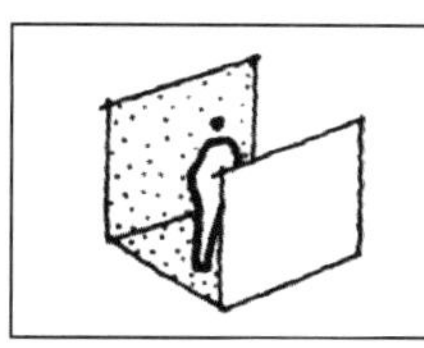 
	虽然是 2 个垂直要素，但由于位置的变化，对人的行动和视线明确地表现为 2 个相对的方向。假若要素有较长的连续性，空间则产生流动感，形成限定度相当高的空间

续表

5	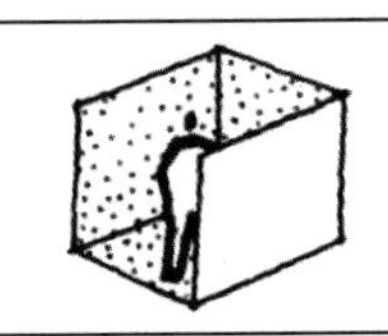 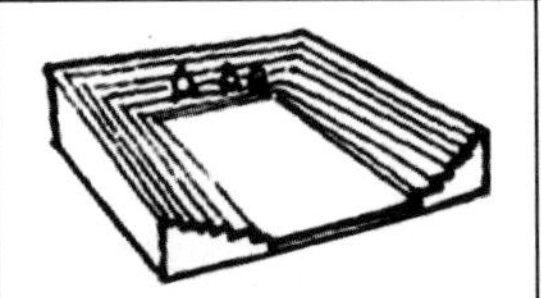 
	当有 3 个垂直要素时，人们的视线和活动有“向心性”。如果人们面向没有要素的方向，则有一种“居中感”和“安心感”。它是一种袋形空间，是限定度较高的空间
6	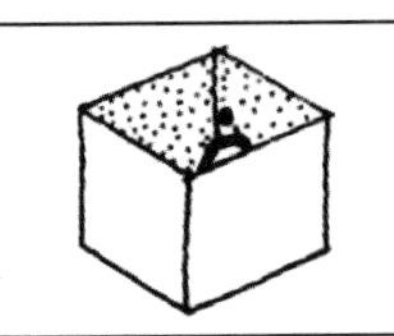  
	当增加到 4 个垂直要素时，空间只有上面是敞开的，因此给人以强封闭感。它是向心的，人的行动和视线被限定在其内部

垂直要素和水平要素的不同组合构成不同的空间　　表 4-8

1	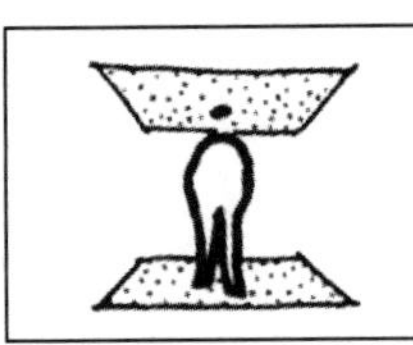 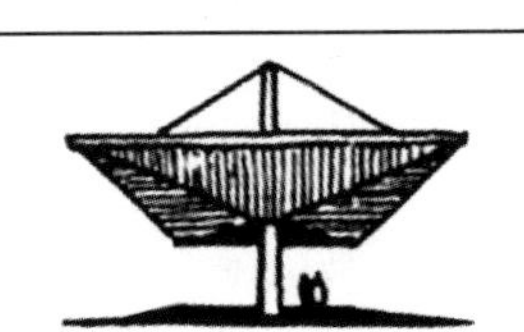 
	当有 1 个水平要素时，人的视线和行动不被限定。但有一定的隐蔽感、覆盖感
2	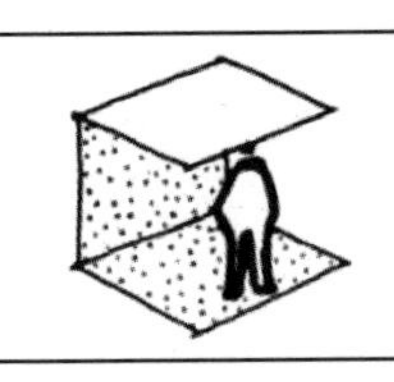  
	当有 1 个垂直要素和 1 个水平要素时，人的行动和视线有方向感，覆盖感也开始增强，由开放性趋向于封闭，但限定度仍是低的
3	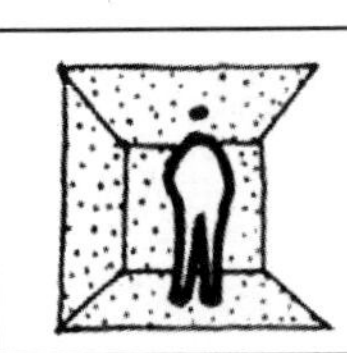  

续表

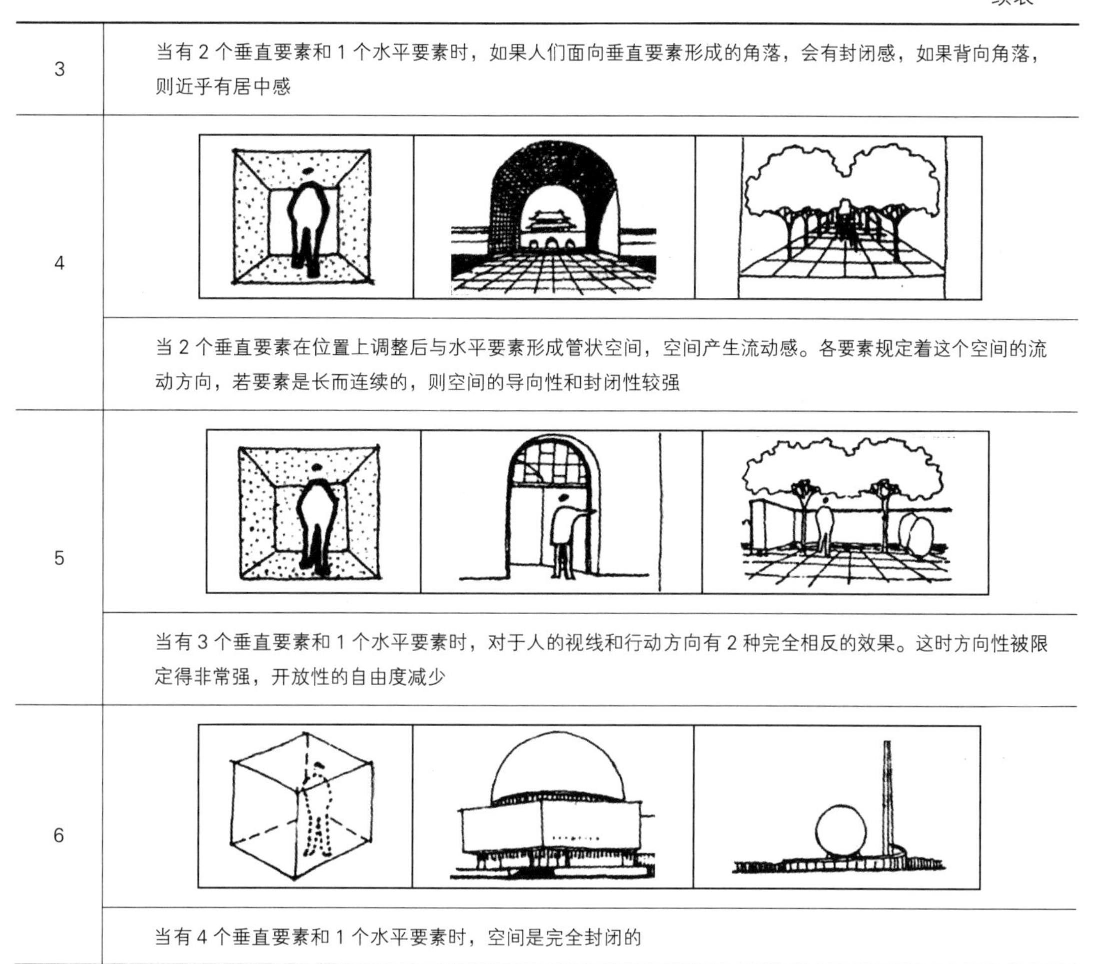

3	当有 2 个垂直要素和 1 个水平要素时，如果人们面向垂直要素形成的角落，会有封闭感，如果背向角落，则近乎有居中感
4	当 2 个垂直要素在位置上调整后与水平要素形成管状空间，空间产生流动感。各要素规定着这个空间的流动方向，若要素是长而连续的，则空间的导向性和封闭性较强
5	当有 3 个垂直要素和 1 个水平要素时，对于人的视线和行动方向有 2 种完全相反的效果。这时方向性被限定得非常强，开放性的自由度减少
6	当有 4 个垂直要素和 1 个水平要素时，空间是完全封闭的

4.3 景观空间设计的行为研究

行为科学是一门研究人类行为规律的综合性学科，重点研究和探讨在社会环境中人类行为产生的根本原因及行为规律。其研究目的是为了把握人们在外部空间的行为和人们如何使用环境；从行为所提供的信息中，找出带规律性的东西，抽象概括为外部空间设计的准则；并将这些准则运用于设计环节，正确处理各种不同功能要求的景观空间环境，使人们和其使用的环境空间自然和谐。

4.3.1 大众行为心理

大众行为心理是随着人口的增长、现代多种文化的交流以及社会科学的发展而注入景观规划设计的现代内容（图 4–24）。它主要是从人类心理精神感受需求出发，根据人类在环境中的行为心理乃至精神活动的规律，利用心理、文化的引导，研究如何创造使人赏心悦目、浮想联翩、积极向上的精神环境（图 4–25）。

行为科学的基本理论包括了环境行为学、需求层次理论、瞭望—庇护等理论。

环境行为学把人类的行为（包括经验、行动）与其相应的环境（包括物质的、社会的和文化的）之间的相互关系与相互作用结合起来加以分析，研究人在城市与建筑中的活动及人对这些环境的反应。

需求层次理论即“马斯洛需求层次理论”，它认为人的价值体系中存在着不同层次的需求，这种需要排成一个需求系统，从低到高分别是：生理的需求、安全的需求、社交的需求、自尊的需求和自我实现的需求。

瞭望—庇护理论认为人在自然环境中是以“猎人”和“猎物”的双重身份出现的。作为“猎人”他需要通过“瞭望”寻找他的“猎物”，所以需要景观给他提供庇护的场所。因此在景观设计中要考虑到人在环境中对于庇护的需要，即场所的安全性，考虑到能看到别人而不被别人看到的需求。

4.3.2 心理学在空间上的应用

经心理学家研究表明，各种空间基本上可概括为独处空间（Personal Space）和公共空间（Public Space）。

1. 独处空间的行为特点及行为空间

人进行独立的活动时，要求不受他人的干扰，要求有一定程度的私密性，以保证自己的领域（Territory），甚至是不同领域的范围和个人间的距离。心理学家把这种现象概括化，提出“个人空间”的概念，即人在独立活动时，对空间的基本要求。霍尔（E. Hall）据此提出人际间的四种关系：

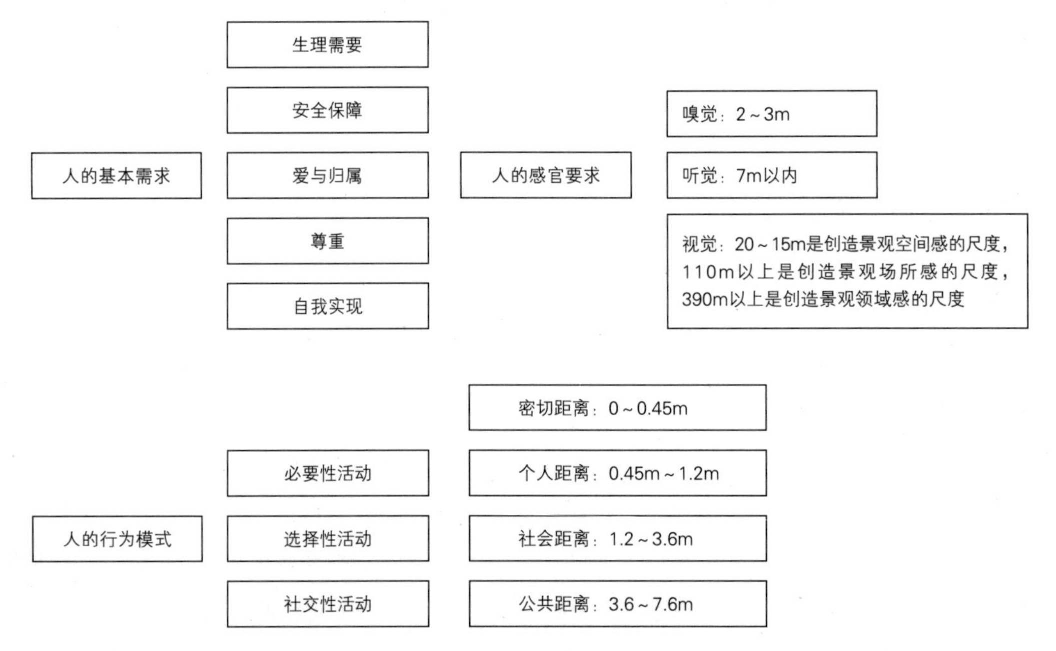

图4–24　大众行为心理基础

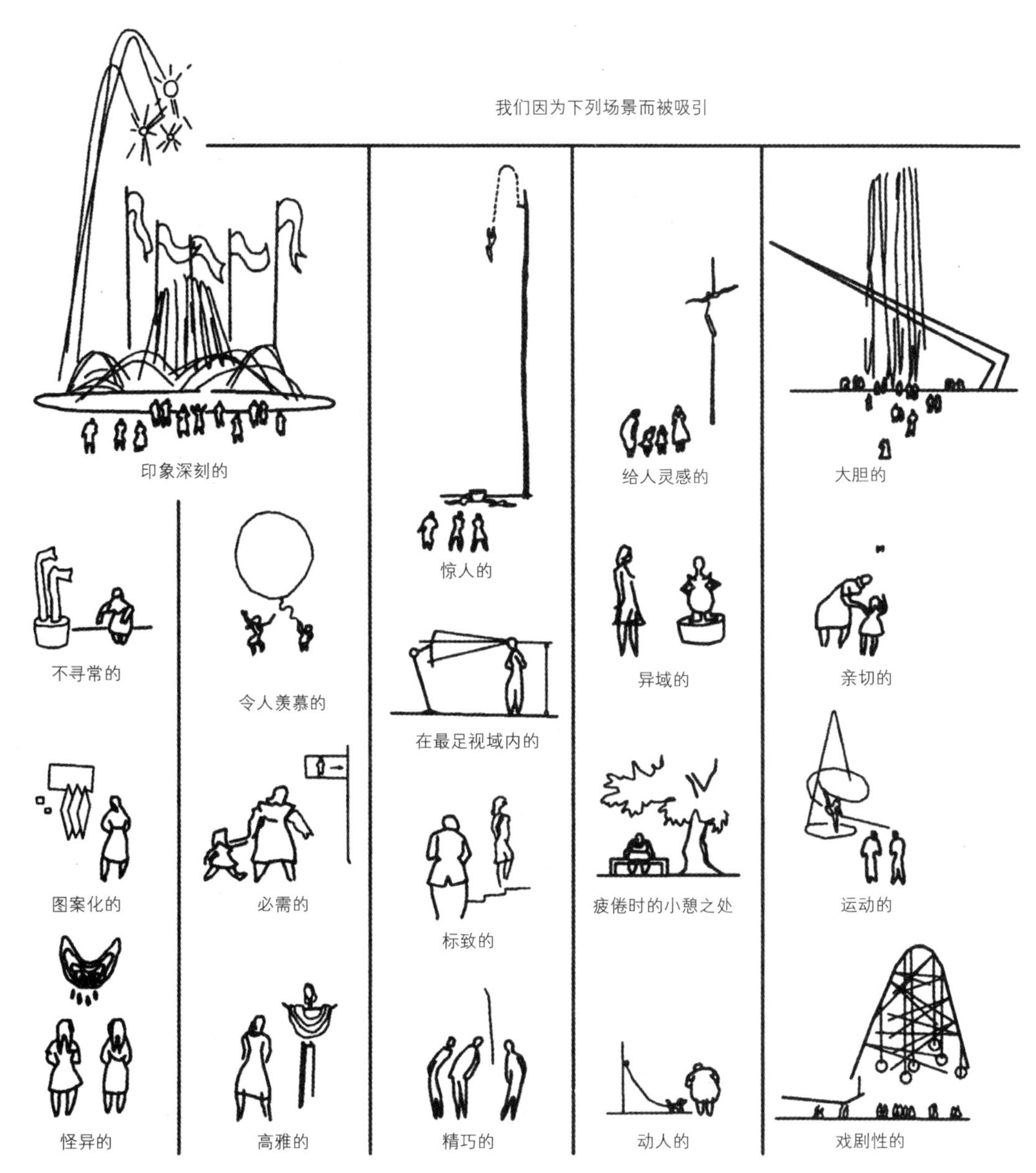

图4-25　吸引大众的场景

来源：约翰•O. 西蒙兹.景观设计学——场地规划与设计手册[M].第3版.北京：中国建筑工业出版社，2000：243

亲密距离：0 ~ 0.45m

个人距离：0.45 ~ 1.2m

社交距离：1.2 ~ 3.6m

公共距离：3.6 ~ 7.6m

2. 公共空间的行为特点及行为空间

人是社会的人，社会的各种交往和活动几乎包括了个人活动以外的领域，如访友、闲聊、运动、游戏、讨论、交流信息等，交往的场所可以是正式的，也可以是非正式的。

经心理学家研究发现，日常交往的人群组合方式有一定的规律性，通常2人成行占70%，3人占20%，4人以上占10%。

综合对独处空间和交往空间的分析，在设计中有几点是值得注意的：

（1）任何公共绿地和广场等公共空间，必须同时满足独处和交往的要求，恰当地布置独处空间和交往空间。

（2）独处空间应选择有吸引力的良好景观地段，避免交通和视线的干扰，使其具有安全感。交往空间应处于易于到达，人流通路的交叉点，或有公共活动的地段，尽力创造出富有活力的动态的媒介物。

（3）公共空间设计应满足不同年龄、性别个性的要求。

（4）公共空间设计应适应一年四季的变化，始终保持生命力。

（5）在公共空间设计时，应考虑人流的自我调节能力。

4.4 空间景观构成

4.4.1 空间景观构成要素

1. 基本要素

从点到线，从线到面，从面到体，每个要素首先都被认为是一个概念性的要素，然后才是环境景观设计语汇中的视觉要素。作为概念性的要素，点、线、面和体实际上是看不到的，但能够感觉到它们的存在。当这些要素在三度空间中变成可见的元素时，就演变成具有内容、形状、规模、色彩和质感等特性的形式（图4–26）。

图4–26 点、线、面的构成形态是由视觉引起的最直观的感知

（1）点

点是视觉能够感觉到的基本单位。任何事物的构成都是由点开始的，它作为空间形态的基础和中心，本身没有大小、方向、形状、色彩之分。在环境景观中，点可以理解为节点，是一种具有中心感的缩小的面，通常起到线之间或者面之间连接体的作用。“线”和“面”是点得以存在的环境，是点控制和影响的范围，同时也是点得以显示的必要条件。点只有在和空间环境的组合中才会显露它的个性。

1）在环境中，点有实点和虚点之分

实点是小环境中以点状形态分布的实体构成要素，是相对空间而言的点，本身有形状、大小、色彩、质感等特征。

虚点是指人们在环境中进行观察的视觉焦

点，可以控制人们的视线，吸引人们对空间的注意。在城市环境中虚点可以分为透视灭点、视觉中心点以及通过视觉感知的几何中心点。

透视灭点：指人们在观察中，通过视觉感知的空间物体的透视会聚点。

视觉中心点：指在空间中制约人的视觉和心理的注目点。

几何中心点：指环境空间布局的中心点，空间的组成要素往往和它有对应的关系。

2）点的造景手法

运用点的积聚性及焦点特性，创造环境的空间美感和主题意境。

点，具有高度积聚的特性，且容易形成视觉的焦点和中心（图 4–27）。点既是景的焦点，又是景的聚点，点往往成为环境中的主题、主景。在环境设计时，要重视点的这一特性，要画龙“点睛”。这种手法的表现可以运用以下几种方式。

A. 在轴线的节点上或者轴线的终点等位置，往往设置主要的景观要素形成景观的重点，突出景观的中心和主题。

B. 利用地形的变化，在地形的最突出部分设置景观要素。

C. 在构图的几何中心布置景观要素，使之成为视觉焦点。

D. 运用点的排列组合，形成节奏和秩序美（图 4–28）。

点的运动、点的分散与密集，可以构成线和面，同一空间、不同位置的两个点之间会产生心理上的不同感觉：疏密相间，高低起伏，排列有序，作为视觉去欣赏，也具有明显的节奏韵律等。在园林中将点进行不同的排列组合，会构成有规律有节奏的造型，表示出特定的意义和意境。

E. 散点构成在园林中的视觉美感（图 4–29）。

图4–27 作为点要素的喷泉在环境中起到点缀的作用，往往会成为视觉中心、几何中心

图4–28 点的序列和变化，构成规律有节奏的造型，给人律动的美感

图4–29 散落在草坪上的石球让人感觉活泼、轻松，有诗意

图4–30　直线形景观给人强烈的视觉冲击力和平衡感

在景观环境中布置一些散点，可以增加环境自由、轻松、活泼的特性。由于散点所具有的聚集和离散感，可以给景观带来如诗的意境。散点可以石头、雕塑、喷泉和植物的形式出现在景观环境。

（2）线

线是空间形态中的基本要素，是由点的延续或移动形成的，是面的边缘。线可以是直的或曲的，或是许多直线和曲线的组合。它们可以是规则的或不规则的几何形。线有长短和方向之分，长的线保持一种连续性，短的线可以分隔空间，有不定性。

方向感是线的主要特征，一条线的方向影响着它在视觉构成中所发挥的作用，在环境设计中常利用这种性质组织空间。

直线在造型中常以三种形式出现，即水平线、垂直线和斜线。直线本身具有某种平衡性，虽然是中性的，但很容易适应环境。在环境中，直线具有重要的视觉冲击力，但直线过分明显易产生疲劳感（图 4–30）。

垂直线给人以庄重、严肃、坚固、挺拔向上的感觉，环境中，常用垂直线的有序排列形成节奏、律动美，或加强垂直线以取得形体挺拔有力、高大庄重的艺术效果。

斜线动感较强，具有奔放、上升等特性，但运用不当会有不安定和散漫之感（图 4–31、图 4–32）。

曲线的基本属性是柔和、变化性、虚幻性、流动性和丰富感。曲线主要分两类：一是几何曲线，一是自由曲线。几何曲线能表达饱满，有弹性、严谨、理智、明确的现代感，同时也会产生一种机械的冷漠感。自由曲线富有人情味，具有强烈的活动感和流动感。曲线在设计中运用非常广泛，环境中的桥、廊、墙、驳岸、建筑、花坛等处处都有曲线存在（图 4–33 ~ 图 4–38）。

（3）面

把一条一维的线向二维伸展就形成一个面。面可以是平的、弯曲的或扭曲的。平面在空间中具有延展、平和的特性，而曲面则表现为流

图4-31 倾斜的景观柱给人奔放的感受

图4-32 直线形矮墙产生明快、生动的形态构成，表达了安定平稳的感受

图4-33 曲线形座椅

图4-34 曲线形挡土墙

图4-35 曲线形矮墙

图4-36 唐纳花园肾形水池

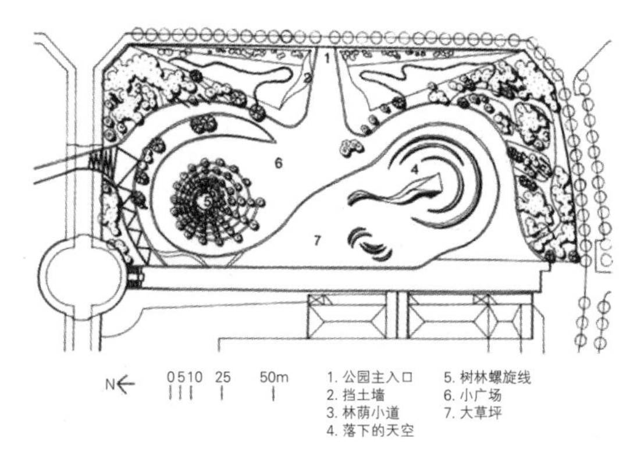

图4-37 巴塞罗那北站公园平面图 曲线形景观呈现出柔和、轻松、连续、富有旋律的特征

图4-38 巴塞罗那曲线景观实景

动、圆滑、不安、自由、热情的性格（图 4-39～图 4-44）。就设计而言，平面可以理解为一种媒介用于其他的处理，如纹理或颜色的应用，或者作为围合空间的手段。

（4）体

体是二维平面在三维方向的延伸。体有两种类型：实体——三维要素形成一个体；虚体——空间的体由其他要素（如平面）围合而成（图 4-45）。

概括地说，点、线、面、体是用视觉表达

图4-39 平面在空间中具有伸展、平和的特征

图4-40 不同颜色、纹理的平面围合空间

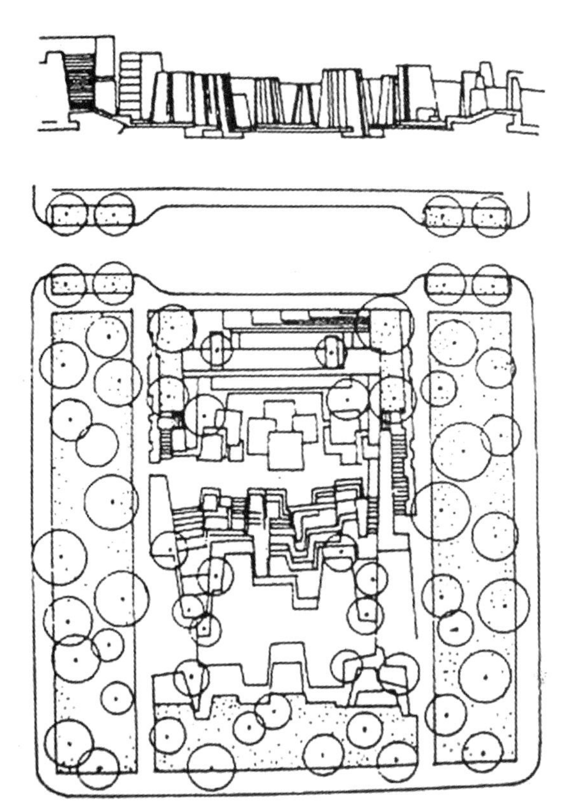

图4-41 波特兰市演讲堂前庭广场(Auditorium Forecourt)总平面，可以看到众多的面要素

图4-42 演讲堂前庭广场实景

图4-43 约翰逊在得克萨斯州沃思堡（Fort Worth）设计的水园中的奔腾池，运用了丰富的面要素组织空间

图4-44 曲面表现出活泼、自由、流动的空间特征，以柔和的形态融入环境中

图4-45　西雅图高速公路公园很好地运用了环境中的实体和虚体

实体——空间的基本要素。生活中我们所见到的或感知的每一种形体都可以简化为这些要素中的一种或几种的结合（图4-46、图4-47）。

2. 影响基本要素的变量

基本要素是可以看见的，与光线、颜色、时间和运动有关。同时有一些有限而根本的方法可以改变它们，如数量、位置、方向、方位、尺寸、形状（形式）、间隔、质感、颜色等。

（1）数量

单个要素可以独立存在，而且与其周围环境没有明显的关系，通过重复、相加或用其他方法，每个要素会与另一个发生视觉关系，这样就产生了某种空间效果。通常，一种要素的数量越多，环境景观的格局或设计就越复杂（图4-48、图4-49）。

（2）位置

空间中的形状有三种基本位置：水平的——平行于地平线；垂直的——垂直于地平线，即人的直立位置；倾斜的——在二者之间，斜的（图4-50～图4-52）。

水平的形状看起来稳定、静止、不活动、接近地面。垂直的形式长期以来一直用于表述或者表明与上天的关系，如古埃及的方尖碑，同时垂直位置还代表生长，如树木。倾斜的位置创造出更动态的效果并可能显得不稳定。

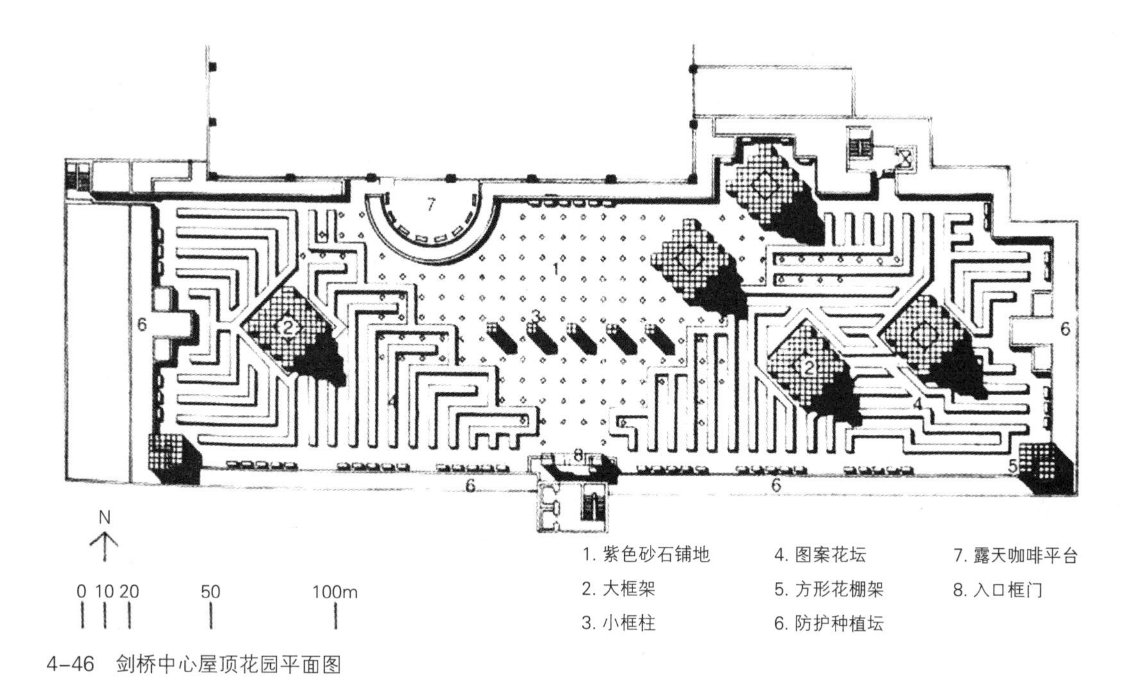

4-46　剑桥中心屋顶花园平面图

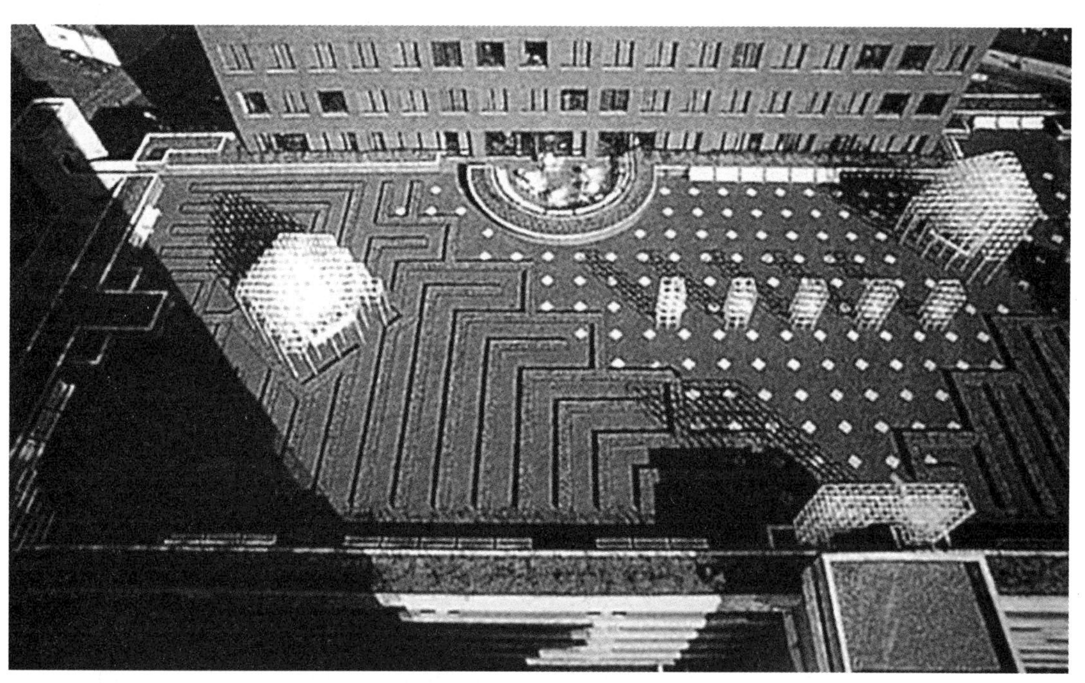

图4-47　剑桥中心屋顶花园实景

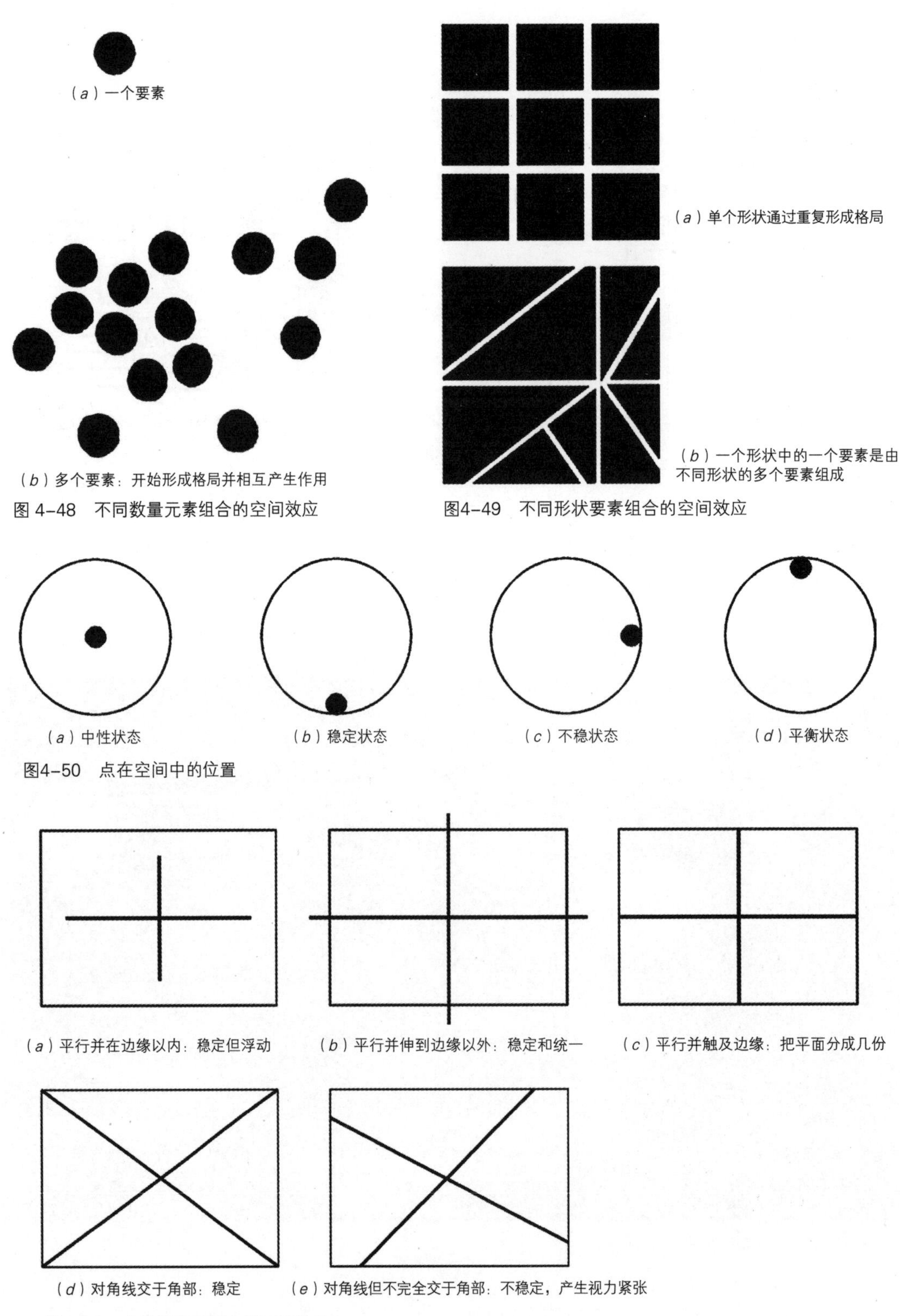

（a）一个要素

（b）多个要素：开始形成格局并相互产生作用

图 4-48　不同数量元素组合的空间效应

（a）单个形状通过重复形成格局

（b）一个形状中的一个要素是由不同形状的多个要素组成

图4-49　不同形状要素组合的空间效应

（a）中性状态　（b）稳定状态　（c）不稳状态　（d）平衡状态

图4-50　点在空间中的位置

（a）平行并在边缘以内：稳定但浮动

（b）平行并伸到边缘以外：稳定和统一

（c）平行并触及边缘：把平面分成几份

（d）对角线交于角部：稳定

（e）对角线但不完全交于角部：不稳定，产生视力紧张

图4-51　交叉线在空间中的不同效果

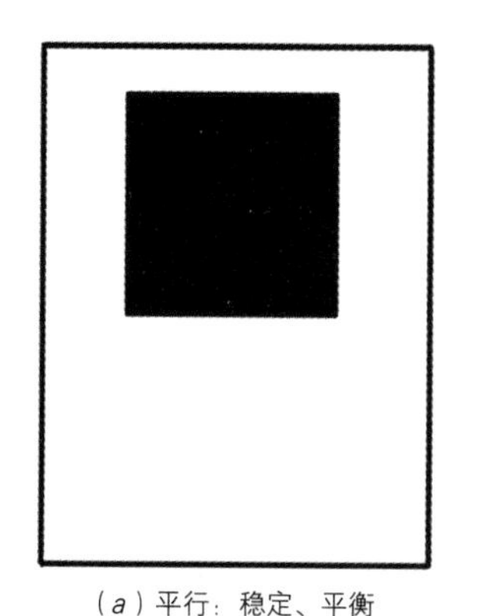
（a）平行：稳定、平衡

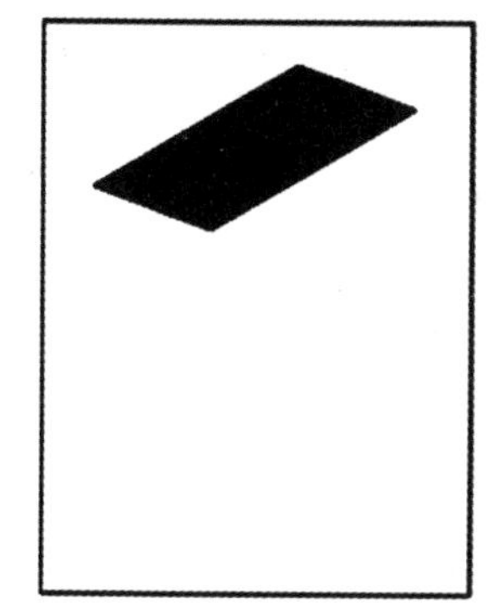
（b）倾斜：不稳定、动态

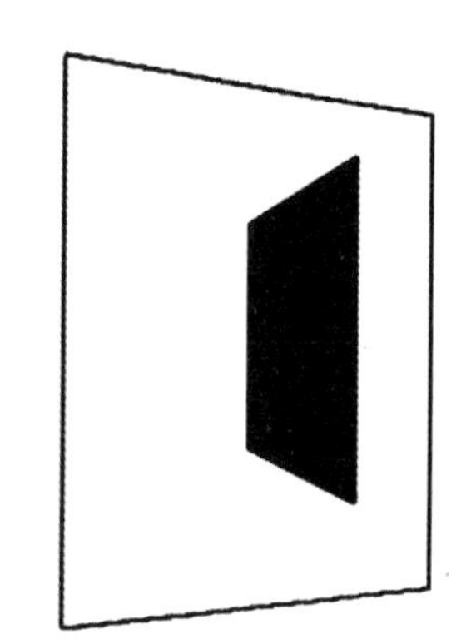
（c）互成直角：稳定、平衡

图4-52 面在空间中的不同效果

（a）上升并交叉——从左下到右上

（b）向外

（c）向内并向下

（d）向外旋转

（e）下落，从一侧到另一侧

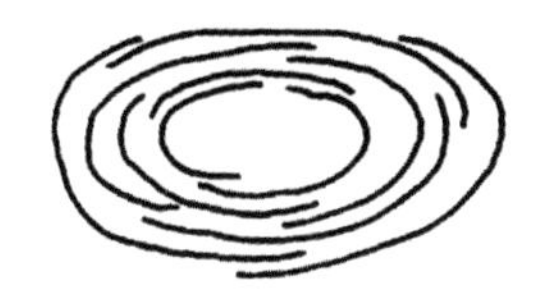
（f）围绕一个中心点旋转

（g）从一个中心点向外

图4-53 要素表示不同的方向

（3）方向

一个要素的位置可以由特定的方向决定。要素的形状可以加强方向感，特别是线或线形形状（图 4-53）。

（4）尺寸

尺寸是某一形式长、宽、深的实际量度，这些量度确定形式的比例（图 4-54）。尺度则是由它的尺寸与周围其他形式的关系所决定的。

大的、高的或深的形状会使我们印象深刻，它们看上去壮丽、雄伟或者令人敬畏。小的东西虽然不能给人深刻的印象，但因为更加接近人的尺寸，显得更亲切些。

（5）形状

形状即某一特定形式的独特造型或表面轮廓，涉及线的变化和面、体的边缘的变化。这是识别形式的主要依据，是最重要的变量之一，在以一种格局感知周围环境时有特别强烈的效果。

图4-54　三种不同尺寸的对比

平面形状的和谐一致对景观设计的整体性很重要。一个不和谐的形状会引起视觉紧张和视觉冲突，如在全是直线的地方冒出一条曲线。通常形状的一致性或从一种类型到另一种类型的改变必须是逐步的，除非设计时故意追求形状之间的反差。

（6）间隔

要素之间以及要素组成部分之间的间距是设计整体的必要部分。间隔可以是均等的或变化的。一个均等的间隔创造稳定、规则和正式场合的感觉。变动的间隔可以是随机派生出来的，也可以是根据某种规则生成的，如数学数列，常用于非正式场合（图4-55）。

（7）质感

质感是小的形式单位群集组合的界面效果，界面的纹理反映界面基本形式单位组织的秩序和式样，赋予某一界面视觉以及特殊的触觉特性（图4-56）。所有的质感都是相对的，它们取决于观赏的距离，随着距离的变化，质感会发生极大的变化。

不同的质感有不同的表达，光洁的表面给人以简洁、清纯、干净的感觉，粗糙的质地给人以朴实和大方感。

质感引起的感觉是其他形式要素不可取代的，质感在具有的视觉和触觉联合作用下，能造成深刻入微的知觉体验，软硬、粗细、滑涩，都是通过接触可以获得的感觉。

界面的质地对人的行为有一定的指示引导

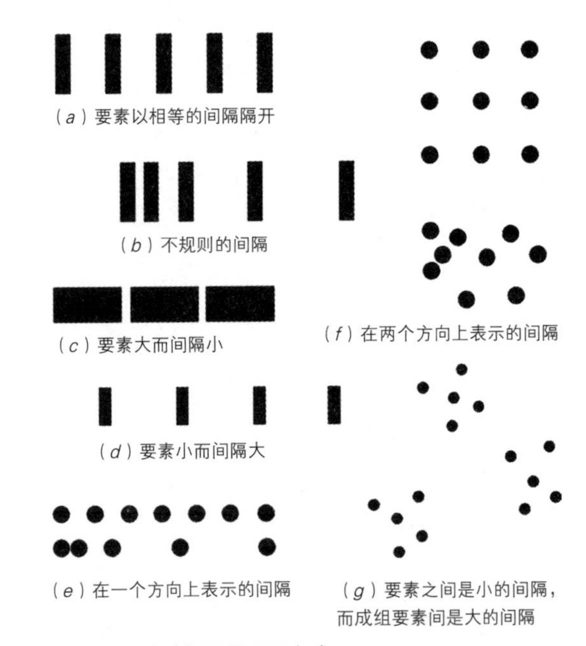

图4-55　表达间隔的不同方式

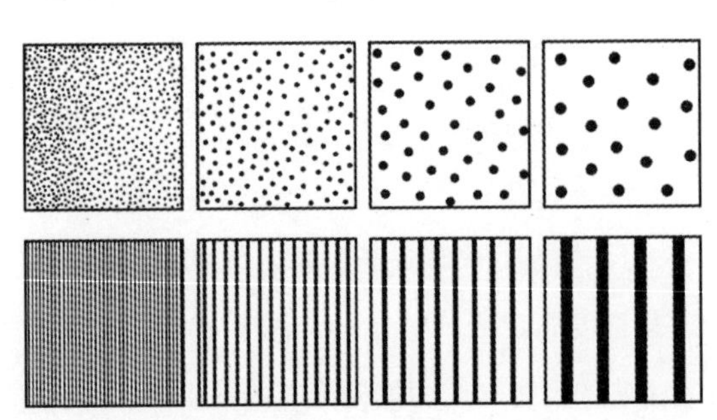
图4-56　随着要素的尺寸及间隔的增加，纹理的等级由细到粗

作用。地面的质地差别可以提示空间、地域的划分，特殊的质地总会诱人趋近观赏等。

（8）颜色

在各种影响要素的变量中，色彩是最敏感、最富表情的要素。色彩可以在形体上附加大量的信息，使环境的表达具有广泛的可能性和灵活性。色彩在环境表达中有以下作用：

1）表现气氛；

2）装饰美化；

3）区分识别；

4）重点强调；

5）表达情感。

其中冷暖感、远近感、轻重感，在环境造型设计中具有广泛的实用意义。

4.4.2 空间景观

景观的欣赏必须与人有关，同时更应与使用的场地有关。环境空间构景设计的出发点，就是运用各种物质技术手段和美学法则提供各种视觉感受，以调动人们的行为活动和情感，达到物质和精神共享的目的。

从人的活动方式出发，对于景观的赏析有静态欣赏和动态欣赏，前者的景观意象为静态景观，后者的景观意象是动态景观。

1. 静态空间

视觉空间相对静止的静态景观，以定点观赏为主，通常是在人流集中和易于停留的最佳观赏点，组织视点和景物的相对关系，构成其主景、配景、前景、背景的构图（图4-57）。

2. 动态空间

动态的景观是指在景观中通过某种具有关联性的主线，或许是单一性，循环性和多维性，将景观联系为完整的序列，从任何一条支线过渡到主线即是一次景观感受的探索（图4-58）。景观设计中多强调以下各形式美法则，以表达

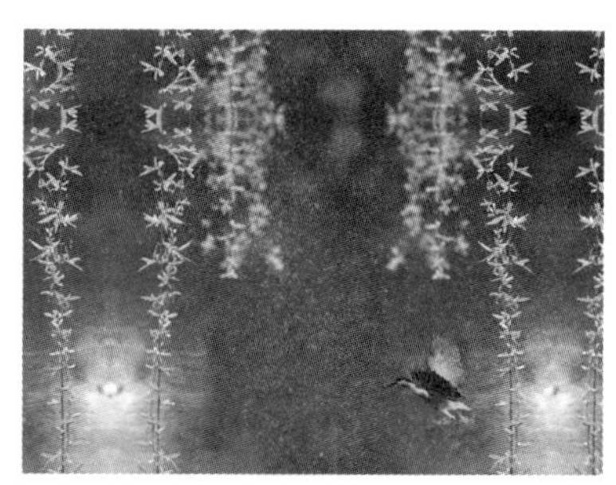

图4-57 动态景观，给人带来静态的视觉欣赏

图4-58　动态景观，给人带来动态的视觉欣赏

动态的景观：

（1）统一与多样

把众多的事物，通过各种关系联系在一起，如曲线、圆、方形、三角的使用，使景观获得和谐的效果。再以共同的元素形成统一，如轴线对应、格网控制、对称手法等，在变化中求得统一。

（2）主从与重点

在一个有机统一的整体中，各不同组成部分应该加以区别对待，应当有主与从的关系，有重点与一般的差别，做到“主从分明、重点突出”，符合整体统一的原则。

（3）均衡与稳定

景观形体的前后左右各部分之间的关系，要符合平衡、完整的感觉，包括对称均衡和不对称均衡。切忌单纯考虑平面构图或立面构图，为了形式而形式，为了构图而构图，一定要因地制宜。

（4）对比与调和

在景观中强调的是对立因素之间的渗透与协调，因此可采用“总体调和，局部对比”，做到对比与调和的统一。

（5）韵律与节奏

在设计上以同一视觉要素，有规律的连续重复时所产生的律动感、条理性、重复性、连续性，韵律美按形式可分为重复韵律与渐变韵律。

（6）比例和尺度

在景观的形体设计中，既有景物之间各部分的比例关系，也有景物之间、个体与整体之间的比例关系，运用合理适宜的尺度原理，可以创造出不同的景观效果。

第 5 章
景观规划设计标准

5.1 步行标准

步行规划和设计的根本目的是整合交通的功能需求并满足步行者的美学偏好。步行系统的构成和要求详见表 5-1。

步行空间中平均人流量、速度与人流密度见表 5-2 所列。

步行系统的构成和要求　　表 5-1

分类	属性
区域步行系统	包括城市网络和休闲绿色通道连接体系，需要有一个由支持要素所组成的等级体系。该体系可以确保步行系统和它的体系要素安全实用
本地步行网络	将重要的娱乐、居住、商业和公共机构等资源联系在一起。通常情况下会受到当地气候和地形条件的限制
场地尺度的步行路	需与车辆交通、建筑过渡地带、各种使用者的要求、空间和视觉的通畅以及它与城市、郊区和乡村等环境相符合的程度等慎重整合

5.1.1 尺度标准

步行空间中平均人流量、速度与人流密度　　表 5-2

平均人流量（PMM）	平均速度（m/min）	行人人均占地面积（m^2）	状况
< 23	79	> 3.3	对行进速度的选择没有限制，行人可以毫不费力地通行，横穿和逆行都不受限制，通行人数大约为最大容量的 25%
23 ~ 33	76 ~ 79	2.3 ~ 3.2	正常的行进速度只是偶尔受到限制，行人在前进过程中偶尔会碰到一些干扰，横穿和逆行有时会产生冲突，通过人数大约是最大容量的 35%
33 ~ 49	70 ~ 76	1.4 ~ 2.3	行进速度受到部分限制，行人在前进过程中受到的限制是可以自我调整的，横穿和逆行受到限制而需要大量的调整从而避免冲突，通过人数大约为最大容量的 40% ~ 65%
49 ~ 66	61 ~ 70	0.9 ~ 1.4	行进速度受到限制而有所下降；行人在前进过程中必然会发生碰撞；横穿和逆行因为会产生各种各样的冲突，所以受到严格制约；在到达临界人流密度时，行人的流动可能会经常出现停滞
66 ~ 82	34 ~ 61	0.5 ~ 0.9	行进速度受到限制，并常常下降到原地踏步的程度，行人需要时常调整步伐；行人在前进过程中不可能不发生冲突；横穿和逆行因不可避免的冲突而受到严格制约；人流量趋于最大，但人流经常停滞不前或者阻断
> 82	0 ~ 34	< 0.5	行进速度下降到原地踏步的程度，行人几乎无法通过；横穿和逆行是不可能的；无法避免发生身体碰撞；人的流动只是偶尔发生，人流经常处于几乎完全中断或者停滞的状态

注：PMM为每分钟每m步行通道通过的行人人数。
数据来源：[美]尼古拉斯•T. 丹尼斯，凯尔•D. 布朗. 景观师便携手册[M]. 刘玉等译.北京：中国建筑工业出版社，2002

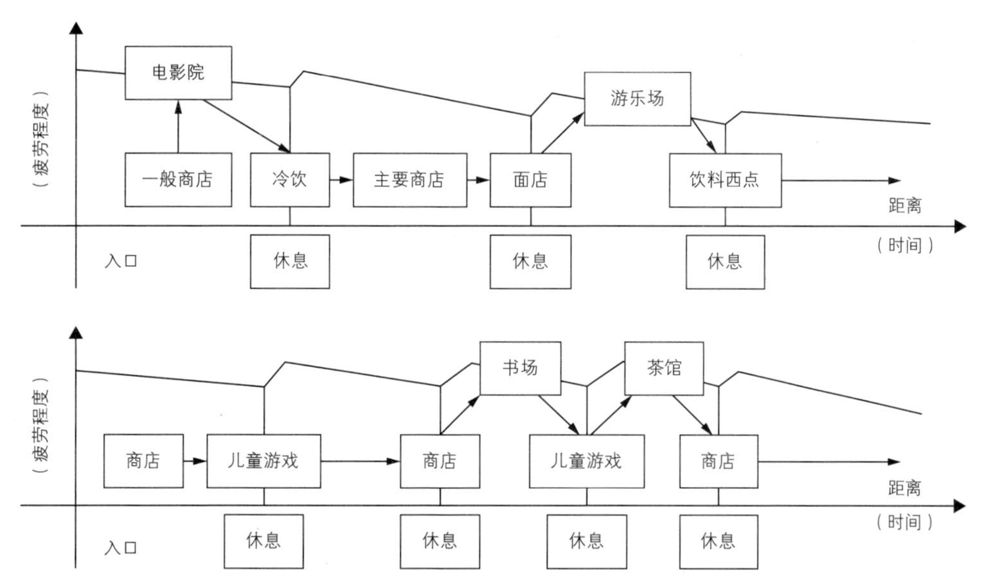

图 5-1　青年人、老年人和儿童生理疲劳曲线与设施布置建议

5.1.2　活动标准

对大多数人而言，在日常情况下步行 400 ~ 500m 的距离是可以接受的。对于儿童、老人和残疾人而言，合适的步行距离要短得多（图 5-1）。

关于人步行疲惫感的研究显示，青年人的步行速度约为 60~70m/min，疲劳间歇期为 30min 左右；老年人和儿童步行速度约为 40~50m/min，疲劳间歇期为 20min 左右。

5.1.3　空间标准

街道空间面积的大小、造型和人体之间的关系是最重要的尺度。街巷的空间指标有街巷宽度 *W*、街巷两侧建筑高度 *H*、比例 *W*/*H*。步行的尺度通常通过街宽 *W* 与围合它的建筑高度 *H* 的比值来描述。比值不同，人们的空间感受也就不同。表 5-3 采用了街道平均宽度和建筑平均高度的比值来反映空间给人的总体感受。处理好 *W*、*H* 和人三者之间的尺度关系才能创造出良好的街巷空间。

空间尺度与空间感受的关系　　表 5-3

高宽比	所形成的空间感
$W/H=1$	具有比较舒适的封闭感，同时满足现代步行空间需求
$W/H<1$	街道两侧的建筑容易相互干扰
当 W/H 比值进一步减小时	街道具有封闭、恐怖的感觉
$W/H>1$	随着比值的增大，街道两侧的建筑成远离状态，进一步增大，街道就有种空旷、萧条感
W/H=1.5~2	比较合理的比例关系，空间尺度比较亲切

5.1.4 各种步行设施的标准

1. 小径

一般而言，每个行人至少需要 600 mm 宽的步行路。这表明，对公共步行通道而言，最小路宽是 1200 mm。如果需要更精确的数据，可以用下面的公式来计算能被人接受的最小步行道路宽度：

步行道路宽度 = $M \times V/S$

式中 V——人流量，人 /min；

M——空间尺度单位，m^2/ 人；

S——行进速度，m/min。

设计目标和使用者的体力决定了道路的纵坡标准，而确定的排水需求及地面材料决定了道路的横坡标准。

2. 台阶

公共空间中台阶的最小宽度是 1500 mm，私人空间里台阶的最小宽度建议为 1050 mm。

户外台阶的踏步宽高比可以用下面推荐的公式来计算：

$2R$（踏步高）$+T$（踏步宽）=650 ~ 700mm

其中，踏步高最小不低于 115mm，最大不超过 150mm。在踏步的实用要求较高的情况下，踏步最高可以为 175mm。

楼梯休息平台之间的最大高差控制在 1500mm 左右，这样，站在平台上的普通成年人就能够看到上一层平台的地面。

3. 坡道

每 9m 或更短的坡道就应该有休息平台。坡道坡度不大于 1 ∶ 12 或 8.33%（图 5-2、图 5-3）。坡高在 75mm 以内时，坡道的坡度可以取 1 ∶ 8 或 1 ∶ 12。

图5-2 桥边的坡道处理

图5-3 小区内的坡道处理

4. 座椅

座椅的常用宽度为 400 ~ 450 mm，高度为 350 ~ 450mm（图 5-4、图 5-5）。

5. 扶手

户外台阶和坡道的扶手高度一般在 750 ~ 850 mm 的幅度内变化。扶手端部应伸出顶部或底部踏步 350 ~ 450 mm 左右（图 5-6、图 5-7）。

6. 标志牌

设计和布置步行者使用的标志牌时，应考虑视域，字体大小和比例，文字与背景之间的

图5-4 路边座椅的布置

图5-5 人性化的座椅设计

图5-6 简单的扶手设计

图5-7 装饰性的扶手设计

图5-8 简约的标志牌设计

对比关系（图 5-8）。

5.1.5 步行系统的标准

1. 方便和易达性

提供一条方便、快捷的路线是确保绝大多数人可以抵达的最重要方法。它连接各主要要素和场地空间、停车场、入口、设施和建筑，并要求是连续且无障碍的，与为一般公众最大范围可达而设计的路线相吻合。

在设计时，为更好地表达出步行的方便性，停车场应与所服务的建筑产生直接联系；下人区应尽可能靠近主入口；在车行道和相邻人行道间不允许有太大的高差；车辆与下人区、场地入口及停车场联系应直接；场地入口与他们所服务的建筑和场地间的关系要明确，以产生良好的识别性；提供链接不同目的地行为的清晰可辨的指示牌，并考虑主要使用群体、光照等的影响；建筑入口应明确；为残疾人提供混合式进入方式；公共服务设施要设置在易于到达的通道处，且入口与设施间不应有高差；在整个场地中，通道的路线须明确而直接；路面应坚固而平坦；可达性好的通道是封闭的环形路，而非尽端路。

2. 识别性

人在环境中辨别并确认自己的位置是人在空间中的本能反应。景观中的视觉暗示帮助人们在大范围环境背景中发现并决定前进方向。在有等级或序列的系统中，地标特征和视觉暗示可以引导步行者的决定和预期行为。

3. 流通性和舒适性

流通性代表在步行空间中行走时的相对轻松程度。影响流通性的因素包括步行者的密度、障碍物存在、步行路面的状况和天气情况等。

流通性在某种程度上决定着步行者步行的舒适程度。除此之外，步行空间所提供的各种自然和文化方面舒适性的联系，包括人的行为产生的各种社会效应、景观效应等，使步行空间多样化。利用水池和树阵来引导人流，可增强步行道的指向性和方向的可识别性（图5-9～图5-12）。

图5-9　利用树池引导人流

图5-10　利用植栽和铺地引导人流

图5-11　利用树木营造舒适的休憩空间

图5-12　利用水池和树木装饰空间

4. 吸引性

有助于户外步行空间宜人性的众多环境要素为步行者提供了大量感官刺激和智力体验的机会，增强步行空间的吸引力（表5-4，图5-13～图5-21）。

步行空间的刺激途径　　表5-4

触觉	视觉	听觉
温度 湿度 风与微风 阵雨 可以坐的设施 可触及的各种街头“家具” 地面铺装材料的触感 可触及的植物 可接触的水 人与人的接触	显著的地形特征 种植 水景 各种气候条件下的景观效果 各种街头“家具” 空间的整体特色 各种界面的表面材料和质感 车辆及行人的活动 颜色对比 季相对比 昼夜变化 优势地点 整体的和谐 普通的秩序感 重要节点 空间感 物体的形状、比例、尺度等 社会行为	各种交通噪声 各种社会行为的声音 各种机械设备的声音 回声 风声 水声 人走动的声音
嗅觉	**味觉（代表综合因素的表现）**	
机动车排放物 各种香味 各种臭味	吃的味道 喝的味道	

图5-13　利用河堤营造步行道景观，有利于土地的复合利用，也能够利用微地形的变化使景观更加丰富，更具吸引力

图5-14　休憩设施、灌乔木相结合的步行道景观充满了生机

图5-15　简单的草坪加上园路，使场地拥有更广阔的视野

图5-16　可结合有利条件多营造靠近水体的栈道吸引步行者

图5-17　多种景观营造方式的结合

图5-18　极富点缀、趣味性的小品

图5-19　简单的树木小品装饰

图5-20　水池小品装饰

图5-21 喷泉打造中心景观

5.2 车行标准

不同的道路在城市生活、生产活动中所起的作用各有不同。为更好地研究城市道路景观问题，需将城市道路进行分类，以便研究得更深入。不同类型道路因使用方式与使用对象之间的差异，在景观设计上的侧重与手法的运用上也各不相同（表5-5）。

5.2.1 车行道路景观设计原则

1. 可持续发展原则

可持续发展原则主张不为局部的和短期的利益付出整体的和长期的环境代价，坚持自然资源与生态环境、经济、社会的发展相统一。这一思想在城市景观设计中的具体表现，就是运用规划设计的手段，结合自然环境，使规划设计对环境的破坏性影响降低到最小，并且对环境和生态起到强化作用，充分利用自然可再生能源，节约不可再生资源的消耗。

2. 整体性原则

城市车行道路景观设计的整体性原则可以从两方面来理解：第一，从城市整体出发，城市车行道路景观设计要体现城市的形象和个性。

车行系统的分类及基本要求　　表5-5

分类		要求
车行道路	快速道路	以交通要求为主导设计依据
	主干道	
	次干道	
大型停车场和入口道路		需设有照明设施、雨水治理系统、边石、屏蔽和障碍、种植和标志牌，并尽量减缓由雨水径流、眩光、噪声和视线干扰带来的消极环境影响
场地入口道路和建筑物的到达及下人区		场地入口道路应做成直线形，和其场地特征，如风景、发育良好的植物群落、文化艺术品等相匹配。通道应考虑序列感的创造，配合重要节点为人们提供安全和审美方面的愉悦体验
小尺度车行道和服务性道路		恰到好处的线形、竖向设计、植物和树篱屏障的使用，可缓解视觉影响并控制车速

第二，从道路本身出发，将一条道路作为一个整体考虑，统一考虑道路两侧的建筑物、绿化、街道设施、色彩、历史文化等，避免其成为片段的堆砌和拼凑。

3. 连续性原则

城市车行道路景观设计的连续性原则主要表现在以下两个方面：第一，视觉空间上的连续性。道路景观的视觉连续性可以通过道路两侧的绿化、建筑布局、建筑风格、色彩及道路环境设施等的延续设计来实现。第二，时空上的连续性。城市道路记载着城市的演进，反映出某一特定城市地域的自然演进、文化演进和人类群体的进化。车行道路景观设计需将道路空间中各景观要素置于一个特定的时空连续体中加以组合和表达，充分反映这种演进和进化，并为这种演进和进化作出积极的贡献。

4. 尊重历史原则

城市景观环境中那些具有历史意义的场所往往给人们留下较深刻的印象，也为城市建立独特的个性奠定了基础。城市车行道路景观设计要尊重历史，继承和保护历史遗产，同时也要向前发展。对于传统和现代的东西，需要探寻传统文化中适应时代要求的内容、形式与风格，塑造新的形式、创造新的形象。

5. 与周围环境协调

《城市道路绿化规划与设计规范》(CJJ 75—97)中规定：

(1)在城市绿地系统规划中，应确定园林景观路与主干路的绿化景观特色。园林景观路应配置观赏价值高、有地方特色的植物，并与街景结合；主干路应体现城市道路绿化景观风貌（图 5-22）。

(2)同一道路的绿化宜有统一的景观风格，不同路段的绿化形式可有所变化（图 5-23 ~ 图 5-26）。

图5-22　中心岛被利用于营造道路景观

图5-23　道路两侧的绿化景观营造

图5-24　道路两侧乔灌草结合的景观营造

图5-25　道路隔离带中乔木、灌木结合的景观营造

图5-26　道路隔离带中以灌木为主的景观营造

图5-27　道路隔离带中乔灌草结合的景观营造

图5-28　道路隔离带中点缀景石的景观营造

图5-29 道路转角处的景观设计，要注意安全视距的保留和整体性

（3）同一路段上的各类绿带，在植物配置上应相互配合，并应协调空间层次、树形组合、色彩搭配和季相变化的关系（图5-27～图5-29）。

（4）毗邻山、河、湖、海的道路，其绿化应结合自然环境，突出自然景观特色。

5.2.2　空间标准

车行道路中，车辆和空间的尺度要求因车辆类型、土地利用背景和车辆运行模式的不同而有所变化。空间标准要求除了满足机动车行驶空间的要求外，还必须提供安全的道路退让空间以保护植物、构筑物、灯具和经过设计的其他环境要素。

在车行道路设计时，应为车辆提供更安全快捷的空间环境。为此，道路线形应可能直；曲线较长时，应取那些能满足最小半径要求的

道路廊道可能造成的环境影响　　表 5-6

增加的	减少的
1. 人类活动的可达性； 2. 道路边缘、杂草、外来的和有害物种的侵入； 3. 对湿地、水位和植被的水位方向的影响； 4. 造成道路两侧土地的盐碱化； 5. 铝和盐等化学元素对水体的污染	1. 路边和道路侵蚀产生的沉积物所造成的河流栖息地和鱼类减少； 2. 草地鸟类减少； 3. 森林中的大型动物减少； 4. 由于边缘物种和适应力强的物种的优势地位，内部物种减少

来源：Forman， Richard T.T.， *Landscape Mosaics.The Ecology of Landscape and Regions*[M]. Cambridge:Cambridge University Press，1997

数值；应避免从直线到急转弯之间的突然改变；避免线形中没有过渡切线的突然转弯。

5.2.3　环境标准

道路设计的环境影响依赖于现有的动物生境、植物生境、水文格局、道路宽度和预计的交通流量。道路带来的各种潜在环境影响需在车行道路设计中予以考虑（表 5-6）。

5.2.4　经济标准

使城市不断蔓延的经济模式表明，基础设施费用将会是非常巨大的，道路养护费和道路初始造价要一起考虑。

减少道路初始施工费的基本原则如下：

1. 原则一

通过在道路两侧设计连续密集的窄门面系列开发，使每块用地与道路相接的长度最小化。

2. 原则二

建立起支路和干道的等级序列，以便在交通不密集的地区建设相对廉价的道路。

3. 原则三

尽量避免陡坡和急转弯，因为其复杂的土方工程和排水对策使造价更高。

4. 原则四

在不影响行车环境的前提下，各种等级道路尽量按照最小标准施工建设，标准见表 5-7。

不同车行道路指标要求　　表 5-7

主干道				次干道		支路	
设计要素	快速公路	次干道	城市快速路	独户式住宅区	其他	独户式住宅区	其他
设计车速（km/h）	95	65	50	50	50	30	50
车道数（条）	>4	>4	4~6	2	4	2	2 ~ 4
车道宽度（mm）	3660	3660	3660	3660	3660	3050	3355
停车道或路肩宽（mm）	3660	3050	3050	3050	3660	2440	3050
车行宽度（mm）	>36575	>36575	30480 ~ 36575	18290	24385	15240 ~ 18290	18290 ~ 24385

5.2.5 技术标准

1. 关于横断面的技术标准

道路的横断面形式有单幅路（图 5-30）、双幅路（图 5-31）、三幅路（图 5-32）及四幅路（图 5-33）。

2. 关于平面的技术标准

影响道路通行能力的因素很多，其中包括一条车道实际通过多少车数，一般用实际观测和类比的方法估算。在城市道路网中平均一条车道的最大通行能力见表 5-8。

混合交通时，一条车道的通行能力约为 400 辆 /h。

机动车道的速度 = 所需要的车道数 ×
一条车道所需宽度

一条车道的宽度视道路等级和行车速度的不同，一般为 3.5m 左右；对于快速干道，车道宽度宜宽些，建议采用 3.75 ~ 4m。

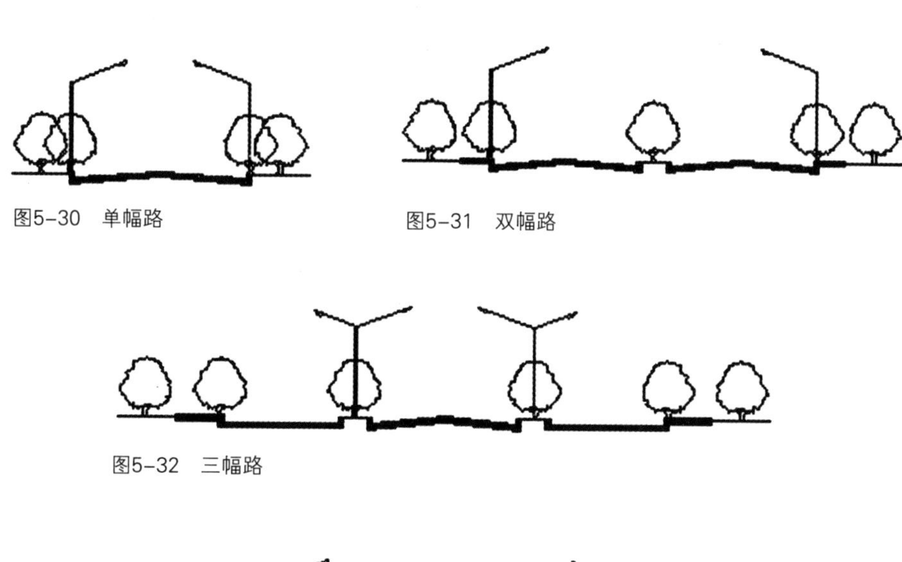

图5-30 单幅路

图5-31 双幅路

图5-32 三幅路

图5-33 四幅路

车道的最大通行能力 表 5-8

车辆类型	最大通行能力（辆 /h）
小汽车	500 ~ 1000
载重汽车	300 ~ 500
公共车辆（无轨电车或公共汽车）	60 ~ 90

注：无轨电车和公共汽车因受停靠站乘客上下车的影响，故通行能力较低

3. 关于交叉口视距的技术标准

如图5-34、图5-35所示，平面交叉口视距三角形范围内妨碍驾驶员视线的障碍物应清除。

4. 关于绿化景观的技术标准

（1）道路绿化指路侧带、中间分隔带、两侧分隔带、立体交叉、平面交叉、广场、停车场以及道路用地范围内的边角空地等处的绿化。道路绿化是城市道路的重要组成部分，应根据城市性质、道路功能、自然条件、城市环境等，合理地进行设计。

（2）道路绿化设计应结合交通安全、环境保护、城市美化等要求，选择种植位置、种植形式、种植规模，采用适当树种、草皮、花卉。

（3）道路绿化应选择能适应当地自然条件和城市复杂环境的乡土树种。选择树种时，要选择树干挺直，树形美观，夏日遮阳，耐修剪，能抵抗病虫害、风灾及有害气体等的树种。

（4）道路绿化设计应处理好与道路照明、交通设施、地上杆线、地下管线等关系。

（5）道路绿化设计应综合考虑沿街建筑性质、环境、日照、通风等因素，分段种植。在同一路段内的树种、形态、高矮与色彩不宜变化过多，应整齐规则、和谐一致。绿化布置可将乔木与灌木、落叶与常绿、树木与花卉草皮相结合，形成色彩和谐、层次鲜明、季相变化的景观效果。

（6）绿化宽度宜为红线宽度的15%～30%。对游览性道路、滨河路及有美化要求的道路可适当提高绿化比例。

（7）分隔带与路侧带上的行道树枝叶不得侵入道路界限。弯道内侧及交叉口视距三角形范围内，不得种植高于最外侧机动车车道中线处路面标高1m的树木。弯道外侧应加密种植以诱导视线。快速路的中间分隔带上不宜种乔木。

（8）植树的分隔带最小宽度为1.5m，较宽的分隔带可考虑树木、草皮、花卉等综合布置。当人流、车流较多或两侧有大型建筑物时，应采用既隔离又通透的开敞式种植。

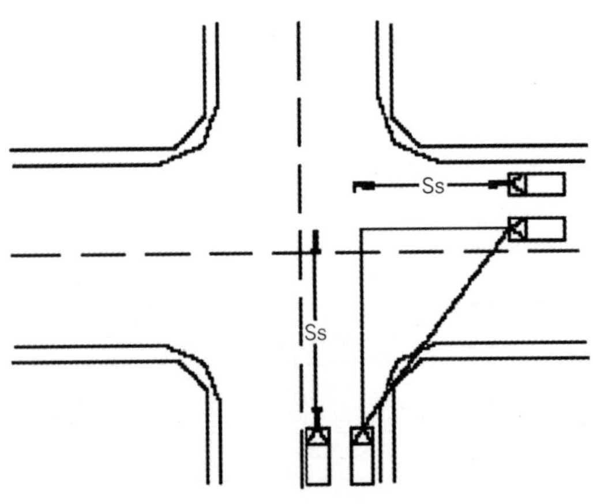

图5-34　十字形交叉口视距三角形

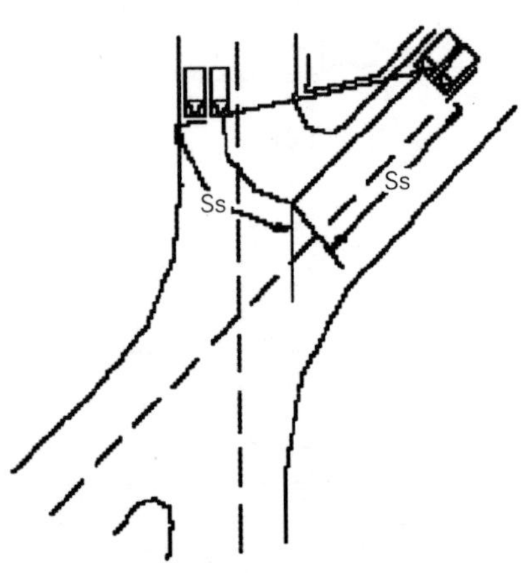

图5-35　X形交叉口视距三角形

（9）郊区道路应根据各路段地势、土壤等分段种植，种植方式应避免单调。在通往风景区的游览性道路及有美化要求的重要路段要加强绿化，反映城市特色。在填方或挖方地段可在路堤或路堑边坡上种植草皮，在不影响视线地段可种灌木。

（10）在道路平面、纵断面与横断面设计时应注意保护古树名木。对现有树木、树林等应注意保存，以改善沿路环境，并应将沿线风景点组织到视野范围内。

（11）环形交叉口中心岛的绿化应在保证视距的前提下进行诱导视线的种植，并与城市景观结合，体现城市特点。

（12）根据互通式立体交叉各组成部分的不同功能进行绿化设计。沿变速车道及匝道应种植可诱导视线的树木，并保证视距。此外应充分利用匝道范围内平缓的坡面布置草坪，点缀有观赏价值的常绿树、灌木、花卉等。

（13）广场绿化应根据广场的性质、规模及功能进行设计。结合交通导流设施，可采用封闭式种植。对于休憩绿地可采用开敞式种植，并相应布置建筑小品、座椅、水池和林荫小路等。公共活动广场的集中成片绿地不宜少于广场总面积的25%。交通广场绿化必须服从交通组织的要求，不得妨碍驾驶员的视线，可用矮生常绿植物点缀交通岛。集散广场可用绿化分隔广场空间以及人流、车流。集中成片绿地宜为总面积的10% ~ 25%，民航机场前与码头前广场集中成片绿地可为总面积的10% ~ 15%。纪念性广场应利用绿化衬托主体、组织前景、创造良好环境。

（14）停车场绿化应有利于汽车集散、人车分隔、保障安全、不影响夜间照明，并应考虑改善环境，为车辆遮阳。停车场绿化布置可利用双排背对车位的尾距间隔种植乔木，树木分枝高度应满足车辆净高要求。停车位最小净高：微型和小型汽车为2.5m，大、中型客车为3.5m，载货汽车为4.5m。此外还应充分利用边角空地布置绿化。风景区停车场应充分利用原有自然树木遮阳，因地制宜布置车位。

（15）靠车行道的行道树应满足侧向净宽的要求。株距4 ~ 10m，绿化带净宽度见表5–9。树池宜采用方形，每边净宽大于或等于1.5m；采用矩形时，净宽与净长宜大于或等于1.2×1.8m。

绿化带净宽度要求　　表5–9

绿化种植	绿化带净宽度（m）
灌木丛	0.8 ~ 1.5
单行乔木	1.5 ~ 2.0
双行乔木平列	5.0
双行乔木错列	2.5 ~ 4.0
草皮与花丛	0.8 ~ 1.5

5. 关于绿化与交通设施、照明等关系的技术标准

（1）绿化不应遮挡路灯照明，当树木枝叶遮挡路灯照明时，应合理修剪。

（2）在距交通信号灯及交通标志牌等交通安全设施的停车视距范围内，不应有树木枝叶遮挡。

（3）架空电力线路的导线与行道树树冠的最小垂直距离见表 5-10 所列。

（4）地下管线外缘与行道树树冠的最小水平距离见表 5-11 所列。

架空电力线与树木的最小垂直距离要求　　表 5-10

电压（kV）	1 ~ 10	35 ~ 110	154 ~ 220	330
最小垂直距离（m）	1.5	3.0	3.5	4.5

树木中心与地下管线外缘最小水平距离要求　　表 5-11

管线名称	距乔木中心最小水平距离（m）	距灌木中心最小水平距离（m）
电力电缆	0.70	—
电讯电缆（市话）	0.75	0.75
给水管	1.5	—
雨水管	1.50 ~ 2.00	—
煤气罐	1.20	1.20
热力管	1.50	1.50
消防龙头	1.20	1.20
排水盲沟	1.00	—

5.3 大型停车场出入口标准

5.3.1 交通要求

《停车场规划设计规则（试行）》对停车场的交通规定如下：

（1）机动停车场的出入口应有良好的视野。出入口距离人行过街天桥、地道和桥梁、隧道引道须大于 50m，距离交叉路口须大于 80m。

（2）机动车停车场车位指标大于 50 个时，出入口不得少于 2 个；大于 500 个时，出入口不得少于 3 个。出入口之间的净距大于 7m。公共建筑配建的机动车停车场车位指标，包括吸引外来车辆和本地建筑所属车辆的停车位指标。

（3）机动车停车场内的停车方式应以占地面积小、疏散方便、保证安全为原则。主要停车方式如图 5-36 所示。

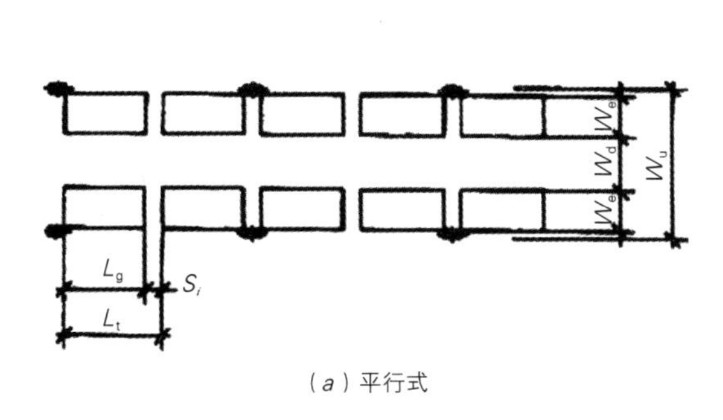

（a）平行式

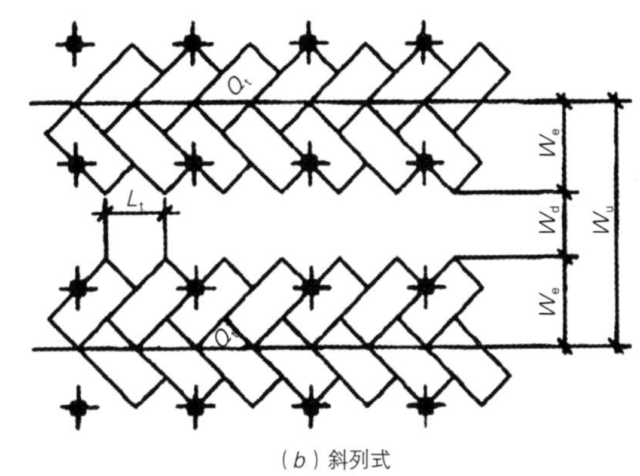

（b）斜列式

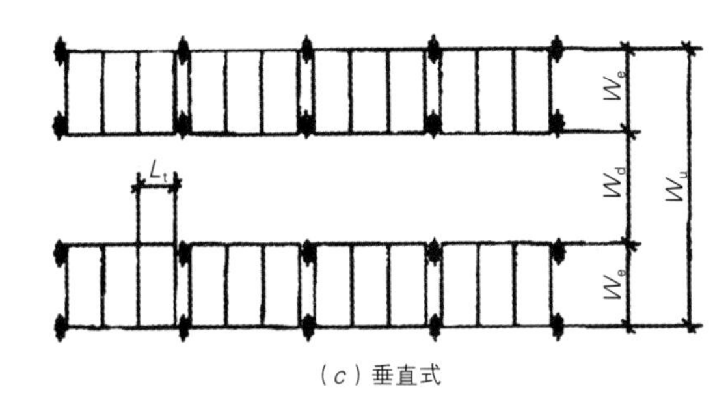

（c）垂直式

图5-36 机动车停放方式

图中 W_u——停车带宽度；L_g——汽车长度；

W_e——垂直于通行道的停车位尺寸；S_i——汽车间净距；

W_d——通车道宽度；Q_t——汽车倾斜角度；

L_t——平行于通车道的停车位尺寸

（4）机动车停车场车位指标，以小型汽车为计算当量。设计时，应将其他类型车辆按表5-12所列换算系数换算成当量车型，以当量车型核算车位总指标。

停车场（库）设计车型外廓尺寸和换算系数　　表5-12

车辆类型		各类车型外廓尺寸（m）			车辆换算系数
		总长	总宽	总高	
机动车	微型汽车	3.20	1.60	1.80	0.70
	小型汽车	5.00	2.00	2.20	1.00
	中型汽车	8.70	2.50	4.00	2.00
	大型汽车	12.00	2.50	4.00	2.50
	铰接车	18.00	2.50	4.00	3.50
自行车		1.93	0.60	1.15	

注：1. 三轮摩托车可按微型汽车尺寸计算。

2. 二轮摩托车可按自行车尺寸计算。

3. 车辆换算系数是按照面积换算。

（5）机动车停车场主要设计指标不应小于表 5-13 规定。

（6）在停车场内停放的机动车之间的净距不应小于表 5-14 规定。

（7）机动车停车场内的主要通道宽度不小于 6m。

（8）机动车停车场通道的最小平曲线半径不大于表 5-15 规定。

机动车停车场设计参数　　表 5-13

项目 / 车型分类 / 停车方式			垂直通道方向的停车宽度（m）					平行通道方向的停车带长（m）					通道宽（m）					单位停车面积（m^2）				
			1类	2类	3类	4类	5类	1类	2类	3类	4类	5类	1类	2类	3类	4类	5类	1类	2类	3类	4类	5类
平行式		前进停车	2.6	2.8	3.5	3.5	3.5	5.2	7.0	12.7	16.0	22.0	3.0	4.0	4.5	4.5	5.0	21.3	33.6	73.0	92.0	132.0
斜列式	30°	前进停车	3.2	4.2	6.4	8.0	11.0	5.2	5.6	7.0	7.0	7.0	3.0	4.0	5.0	5.8	6.0	24.4	34.7	62.3	76.1	78.0
	45°	前进停车	3.9	5.2	8.1	10.4	14.7	3.7	4.0	4.9	4.9	4.9	3.0	4.0	6.0	6.8	7.0	20.0	28.8	54.4	67.5	89.2
	60°	前进停车	4.3	5.9	9.3	12.1	17.3	3.0	3.2	4.0	4.0	4.0	4.0	5.0	8.0	9.5	10.0	18.9	26.9	53.2	67.4	89.2
	60°	后退停车	4.3	5.9	9.3	12.1	17.3	3.0	3.2	4.0	4.0	4.0	3.5	4.5	6.5	7.3	8.0	18.2	26.1	50.2	62.9	85.2
垂直式		前进停车	4.2	6	9.7	13.0	19.0	2.6	2.8	3.5	3.5	3.5	6.0	9.5	10.0	13.0	19.0	18.7	30.1	51.5	68.3	99.8
		后退停车	4.2	6	9.7	13.0	19.0	2.6	2.8	3.5	3.5	3.5	4.2	6.0	9.7	13.0	19.0	16.4	25.2	50.8	68.3	99.8

注：表中1类指微型小汽车，2类指小型汽车，3类指中型汽车，4类指大型汽车，5类指铰接车。

汽车与汽车之间以及汽车与墙、柱之间的间距　　表 5-14

汽车尺寸（m） / 间距（m） / 项　目	车长≤ 6m 或 车宽 ≤ 1.8m	6m< 车长≤ 8m 或 1.8m< 车宽 ≤ 2.2m	8m< 车长≤ 12m 或 2.2m< 车宽 ≤ 2.5m	车长 >12m 或 车宽 >2.5m
汽车与汽车	0.5	0.7	0.8	0.9
汽车与墙	0.5	0.5	0.5	0.5
汽车与柱	0.3	0.3	0.4	0.4

注：当墙、柱外有暖气片等凸出物时，汽车与墙、柱的间距应从其凸出部分外缘算起。汽车与汽车之间以及汽车与墙、柱之间的间距，按国家标准《汽车库、修车库、停车场设计防火规范》GB 50067—97执行。

（9）机动车停车场通道的最大坡度不应大于表5–16规定。

（10）自行车停车场原则上不设在交叉路口附近。出入口不应少于2个，宽度不小于2.5m。

（11）自行车停车场主要设计指标应不小于表5–17规定。

停车场通道的最小平曲线半径　表5–15

车型类型	最小平曲线半径（m）
铰接车	13.00
大型汽车	13.00
中型汽车	10.50
小型汽车	7.00
微型汽车	7.00

停车场通道最大纵坡度　表5–16

坡度（%）通道形式 车辆类型	直线	曲线
铰接车	8	6
大型汽车	10	8
中型汽车	12	10
小型汽车	15	12
微型汽车	15	12

自行车停车场主要设计指标　表5–17

停车方式		停车带宽（m）		车辆横向间距（m）	过道宽度（m）		单位停车面积（m^2）			
		单排	双排		单排	双排	单排一侧停车	单排两侧停车	双排一侧停车	双排两侧停车
斜列式	30°	1.00	1.60	0.50	1.20	2.0	2.20	2.00	2.00	1.80
	45°	1.40	1.40	0.50	1.20	2.0	1.70	1.70	1.65	1.51
	60°	1.70	1.70	0.50	1.50	2.6	1.73	1.73	1.67	1.55
垂直式		2.00	3.20	0.60	1.50	2.6	1.98	1.98	1.86	1.74

（12）自行车停车方式应以出入方便为原则。主要停车方式如图 5–20 所示。

（13）公共自行车停车场的停车位指标是指吸引外来自行车的停车位指标。专用自行车停车场的停车位指标应不小于本单位职工人数的 30%。

（14）各类建筑配建的停车场车位指标应不大于表 5–18 ~ 表 5–26 规定。

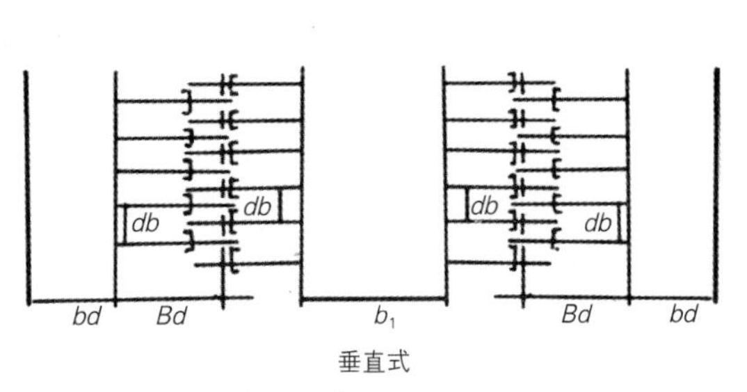

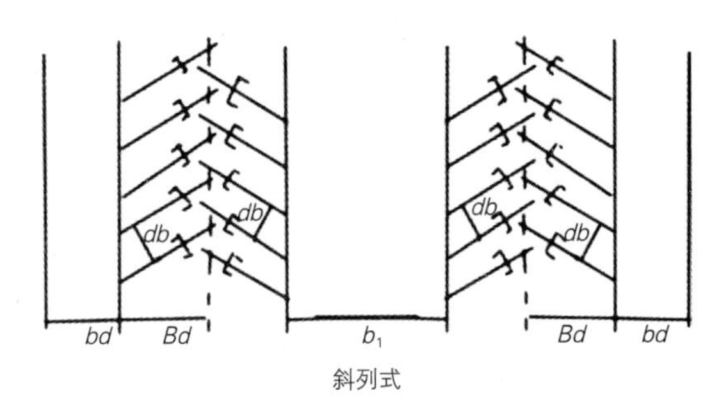

图5–37　自行车停放方式

图中　db：车辆间隔；bd：一侧停车通道宽；b_1：两侧停车通道宽；Bd：单排停车带宽。

饮食店停车位指标（建议指标）　　表 5–18

项目	机动车	自行车
停车位指标（车位 /100m² 营业面积）	1.70	3.60

办公楼停车位指标（建议指标）　　表 5–19

类别 \ 停车位指标（车位 /100m² 建筑面积）\ 项目	机动车	自行车
一类	0.40	0.40
二类	0.25	2.00

体育馆停车位指标（建议指标）　　表 5–20

类别 \ 停车位指标（车位 / 百座）\ 项目	机动车	自行车
一类	2.50	20.00
二类	1.00	20.00

注：1. 体育场停车位指标可适当减少。

2. 体育馆：一类座位数≥4000；二类座位数＜4000。

3. 体育馆：一类座位数≥15000；二类座位数＜15000。

商业场所停车位指标（建议指标） 表 5-21

项目	机动车	自行车
停车位指标（车位 /100m^2 营业面积）	0.30	7.50

影（剧）院停车位指标（建议指标） 表 5-22

类别 \ 停车位指标（车位 / 百座） \ 项目	机动车	自行车
一类	3.00	15.00
二类	0.80	15.00

注：一类：省、市级和相当于省、市级的影（剧）院。
二类：一般影（剧）院。

展览馆停车位指标（建议指标） 表 5-23

项目	机动车	自行车
停车位指标（车位 /100m^2 营业面积）	0.20	1.50

医院停车位指标（建议指标） 表 5-24

项目	机动车	自行车
停车位指标（车位 /100m^2 营业面积）	0.20	1.50

注：表中所称建筑面积为门诊和住院部建筑面积之和。

游览场所停车位指标（建议指标） 表 5-25

类别 \ 停车位指标（车位 /100m^2 游览面积） \ 项目		机动车	自行车
一类	市区	0.08	0.50
	郊区	0.12	0.20
二类		0.05	0.20

注：一类：古典园林、风景名胜。
二类：一般性城市公园。

火车站停车位指标（建议指标） 表 5-26

项目	机动车	自行车
停车位指标 （车位 / 高峰日每千旅客）	2.00	4.00

5.3.2 技术要求

（1）停车场应与它们所服务的建筑产生直接联系。“残疾人”停车位到建筑入口的距离不应大于 30000 mm。

（2）落客区应尽可能靠近主要出入口。在车行道和相邻人行道之间不允许有高差。车辆与落客区、场地入口及停车场的联系要直接。

（3）场地入口与它们所服务的建筑和场地之间的关系要明确，从而产生良好的识别性。例如在城市道路设计规范中的第 11.2.9 条，就对停车场出入口的视距作了明确的规定：停车场出入口应有良好的通视条件，并设置交通标志，如图 5-38 所示。

（4）为到不同目的地的行人提供清晰可辨的指示牌。

（5）建筑入口要明确；要为残疾人提供混合式进入方式（如既有坡道，又有台阶）；公共服务设施要设置在易于到达的通道处（如卫生间、饮水器等）；在设施入口，不应该有高差。

（6）等人区应该位于建筑入口 90 000 mm 以内的范围内，避免交通拥挤，要有雨棚等遮挡设施，足够的座椅和光照也是必需的。

（7）确保休息区不设在过道上。

（8）在整个场地中，通道的路线必须明确而直接；路面要坚固而平坦；必要时可以设置坡道或者削平路边石；可达性的通道是封闭的环形路，而不是尽端路。

5.3.3 景观要求

1. 大型停车场和入口道路

为了增加安全性和可辨认性，大型停车场和入口道路通常需要有照明设施、雨水治理系

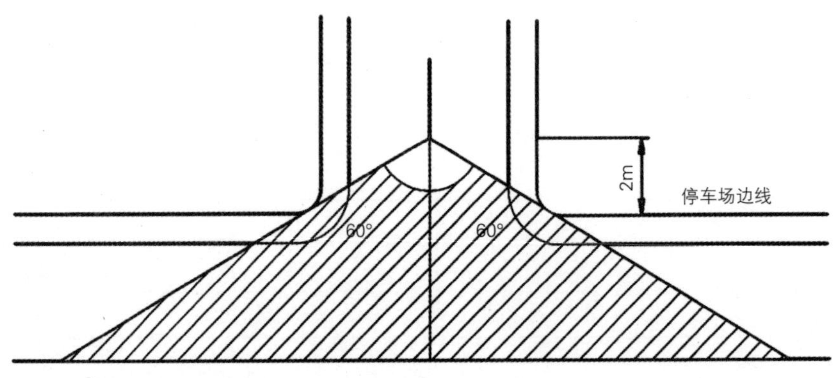

图5-38 停车场出入口的视距

统、边石、屏蔽障碍、种植和标志牌，这些设施的作用非常重大。同时，要尽量减缓由雨水径流、眩光、噪声和视线干扰带来的消极环境影响。现状地形和植被的仔细利用是可以减轻这些影响的两个关键战略性要素（图 5-39 ~ 图 5-43）。

图5-39 停车场入口排水处理

图5-40 停车场的布置

2. 场地入口道路和建筑物的到达区及落客区

场地入口道路应该做成直线形，以便与令人喜爱的场地特色，如独一无二的风景、发育完好的植物群落、湿地、裸露的岩石和文化艺

图5-41 地下停车场的垂直绿化

图5-42 地下停车场的引导

图5-43 地下停车场的外观设计

图5-44 居住区空间结构

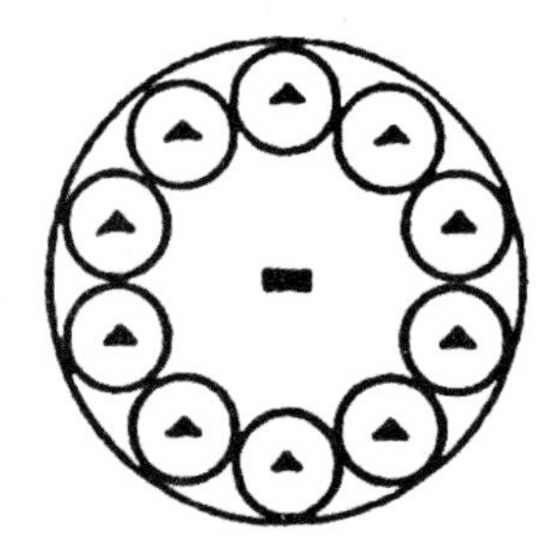

图5-45 居住小区空间结构

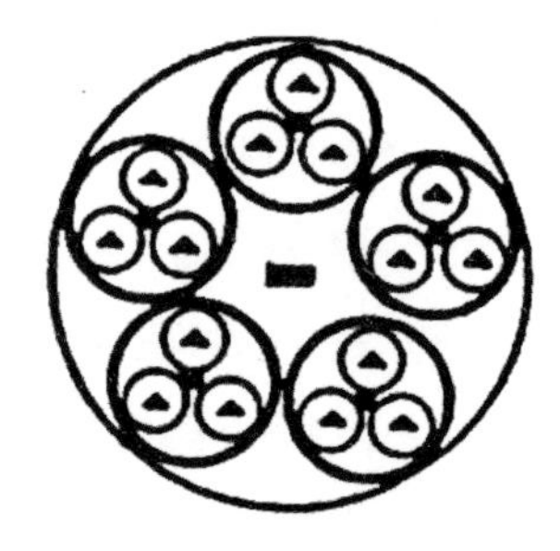

图5-46 居住组团空间结构

术品等相匹配。在指定的到达区，通常将建筑物落客区车辆回车地带配合面状空间的景观区域，营造景观序列感。这些节点需要经过仔细设计的精确尺度和配套的宜人事物（植物、照明等），以便为步行者的上下车提供安全和审美方面的愉悦体验。

3. 小尺度车行道和服务性道路

小尺度车行道和与之相关联的停车场通常受到当地法规的控制。小型场地需要仔细规划，以防止车行道凌驾于重要使用区域的景观之上。恰到好处的线形、竖向设计、植物和树篱屏障的使用等是用来缓解消极视觉影响的常见设计要素。种植的凸出部分和道路转弯部分要考虑车辆能够安全有效地通行。

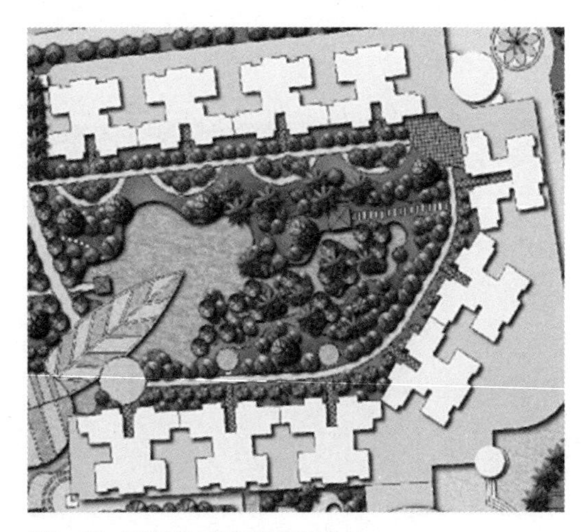

图5-47 三面合一面开的空间布局

5.4 居住空间标准

5.4.1 居住空间类型及景观特点

居住区按规模分为居住区、居住小区和住宅组团，景观设计要根据空间的开放度和私密性来组织空间（图 5-44 ~ 图 5-46）。

1. 定向开放空间

定向开放空间是三面“合”而一面“开”的空间，这种空间便于借用外部风景进行空间组合（图 5-47）。由于定向开放空间具有极强的方向性，因此布置植物配景或地形时也必须保持空间原有的特性。

2. 开敞空间

在小区中可以设置小区广场，可以将广场设置在小区的中心处，建筑物围集在广场周围。

这时的空间以广场为中心呈放射状并且具有一定的内向性，是人们聚集和活动的场所。广场本身与周边的建筑物相结合构成典型的开敞空间（图 5-48 ~图 5-50）。

3. 组合空间

住宅组团通常由若干栋住宅建筑物组成。与居民日常生活有直接关系的（如小百货、烟杂店、卫生站和自行车存放处等）微型服务设施，可以穿插在各个小空间中，行人在此空间中穿行时，各空间时隐时现，视野不断出现不同景物，诱使行人去探索，其空间效果犹如造园艺术中的步移景异（图 5-51 ~图 5-53）。

4. 特殊的空间形式

居住空间中的特殊空间形式有很多种，比如异形空间（图 5-54）、生态空间、巨形空间等。这其中直线形空间较为常见，直线形空间形态呈长条、狭窄状，是在空间的一端或两端开口，人在空间入口处可见其尽头。这种空间，在其两侧不宜放置过于吸引人目光的景物，可以将人们的注意力引向地面标志或标志性建筑上。比较适用于居住区道路设置或步行街设置。在街的两边可以是统一规划的店铺，在街的中央或尽头可设置标志性雕塑或建筑物。

图5-48 简单的圆形广场

图5-49 圆形广场及周边的景观设计

图5-50 具中心集聚效应的圆形广场

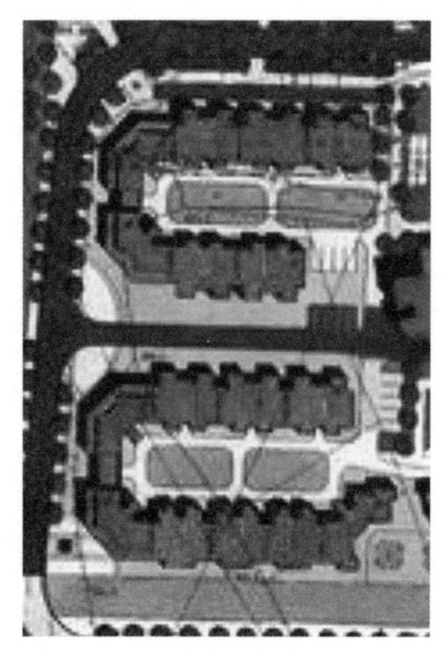

图5-51　半封闭的小区组合空间

图5-52　行列式的小区组合空间排布

图5-53　小区景观绿化布置

图5-54　新颖美观的异形景观空间布置

5.4.2　功能性要求

1. 交通流线组织

居住小区的道路设计可实现车流和人流的分离，一来人行安全，二来汽车尾气不影响休闲场所的环境质量。有些小区把停车场设在地下，既进行了地面绿化，也充分利用了地下空间（图 5-55、图 5-56）。

居住区道路一般分为车行道和宅间人行道。

图5-55　某小区中心景观鸟瞰图

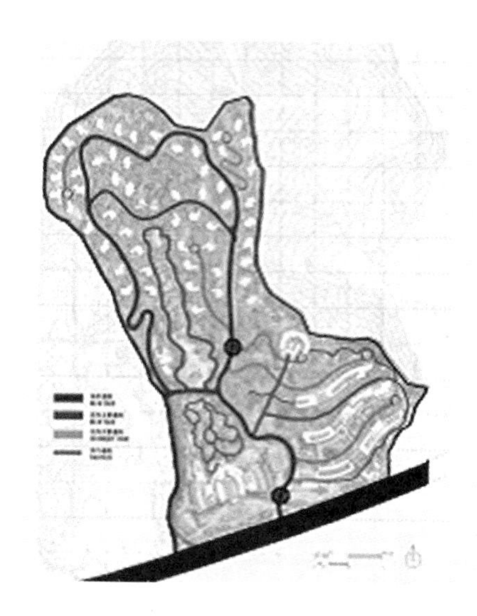

图5-56 小区内交通流线布置

其中，宅间路往往和路牙、路边块石、休闲座椅、植物配置、灯具等共同构成居住区最基本的景观线（图5-57～图5-60）。

作为居民生活领域的扩展，道路景观具有动态、静态的双重特性（图5-61～图5-63）。步行道路空间的尺度通过道路两侧的建筑、绿化、小品来控制，从而取得较强的领域感；有些住宅区利用车道上面和地形高低落差形成的步行桥，视野开阔，可眺望风景。车行道路则要关注两侧景观的连续性。在适当的距离内，住宅布置要有变化，创造小的开放空间，使建筑形态在统一的韵律中不断产生对比和变化。

2. 生态环境建设要求

随着时代进步、科学发展以及人们认识的提高，生态平衡与环境状况越来越受到人们的重视，而居住区的绿化与人们的生活有着最为直接的关系，绿色植物具有除尘、消声、净化空气、美化环境、改善小气候等功能。绿色植物调节生态系统平衡的生理机制，决定了它具有最佳调节生态系统的功能，使居住区内生态环境得到改善，城市的生态平衡得到保障。

公共绿地的面积，应根据居住人口规模分别达到：组团不少于0.5m^2／人，小区（含组团）不少于1.0m^2／人，居住区（含小区与组团）不少于1.5m^2／人。根据《居住区环境景观设计导则（试行稿）》，分别设置了各级中心公共绿地设置标准（表5-27）和绿化带最小宽度规定（表5-28）等标准，为现代居住区园林景观的设计分析提供了可靠的依据。

图5-57 小区内座椅布置

图5-58　小区内路灯的样式

图5-59　小区广场景观布置

图5-60　简约美观的路灯

图5-61　小区路边景观布置

图5-62　小区内宅间小路的布置

图5-63 多种铺装的布置与组合

各级中心公共绿地设置标准 表 5-27

中心绿地名称	设置内容	要求	最小规模（hm^2）
居住区公园	花木草坪、花坛水面、凉亭雕塑、小卖茶座、老幼设施、停车场地和铺装地面等	院内布局应有明确的功能划分	1.0
小游园	花木草坪、花坛水面、雕塑、儿童设施和铺装地面	院内布局应有一定的功能划分	0.4
组团绿地	花木草坪、桌椅、简易儿童设施等	灵活布局	0.04

绿化带最小宽度规定 表 5-28

名称	最小宽度（m）	名称	最小宽度（m）
一行乔木	2.00	一行灌木带（大灌木）	2.50
两行乔木（并列栽植）	6.00	一行乔木与一行绿篱	2.50
两行乔木（棋盘式栽植）	5.00	一行乔木与两行绿篱	3.00
一行灌木带（小灌木）	1.50		

3. 居住小区景观规划设计主要参数（表5–29、表5–30）

（1）建筑红线，也称建筑控制线，是指城市规划管理中，控制城市道路两侧沿街建筑物或构筑物靠临街面的界线。由道路红线和建筑控制线组成。道路红线是城市道路用地的规划控制线，建筑控制线是建筑物基底位置的控制线。

（2）建筑密度，即建筑覆盖率，是指项目用地范围内所有基底面积之和与规划建设用地之比。

$$建筑密度=\frac{建筑基底总面积}{规划建设用地面积}$$

（3）建筑面积，是指外墙（柱）勒角以上各层的外围水平投影面积之和，包括阳台、挑廊、地下室、室外楼梯，且层高不小于2.2m，有上盖，结构牢固的永久性建筑。

（4）建筑容积率，是指项目规划建设用地范围内全部建筑面积与规划建设用地面积之比。

$$容积率=\frac{总建筑面积}{规划建设用地面积}$$

（5）绿化率，是指规划建设用地范围内的绿地面积与规划建设用地面积之比。

道路及绿地最大坡度规定　　表5–29

道路及绿地		最大坡度
道路	普通道路	17%（1/6）
	自行车专用道	5%
	轮椅专用道	8.5%（1/12）
	轮椅园路	4%
	路面排水	1% ~ 2%
绿地	草皮坡度	45%
	中高木绿化种植	30%
	草坪修剪机作业	15%

道路宽度规定　　表5–30

道路名称	道路宽度
居住区道路	红线宽度不宜小于20m
小区路	路面宽5 ~ 8m，建筑控制线之间的宽度，采暖区不宜小于14m，非采暖区不宜小于10m
组团路	路面宽3 ~ 5m，建筑控制线之内的宽度，采暖区不宜小于10m，非采暖区不宜小于8m
宅间小路	路面宽不宜小于2.5m
园路（甬路）	不宜小于1.2m

5.4.3 景观性需求

1. 硬质景观设计

硬质景观分类有很多种，如根据美学原则可分为点、线、面三种类型的硬质景观，根据设计要素又可分为步行环境、车辆环境、街道小品等，根据硬质景观使用用途分为道路、驳岸、铺地、小品四类。本文主要从硬质景观的景观功能出发，将其分为实用型、装饰型和综合功能型景观三大类。

（1）实用型硬质景观

实用型硬质景观包括道路环境、活动场所和设施小品三类。其中，道路环境由步行环境和车辆环境组成，主要包括人行道、游路、车行道、停车场等；活动场所包括游乐场、运动场、休闲广场等；设施小品即照明灯具、休息座椅、亭子、公共停靠站、垃圾箱、电话亭、洗手池等。这类景观是以应用功能为主而设计的，突出体现了硬质景观使用功能强大、经久耐用等特点。

（2）装饰型硬质景观

装饰型硬质景观以街道小品为主，又分为雕塑小品和园艺小品两类。现代雕塑作品种类、材质、题材十分广泛，逐渐成为景观设计中的重要组成部分。园艺小品即园林绿化中的假山置石、景墙、花架、花盆等。这类景观以装饰需要为主设置，具有美化环境、赏心悦目的特点，体现了硬质景观的美化功能。

（3）综合功能硬质景观

一些硬质景观同时具有实用性和装饰性的特点。如设施小品中的灯具、洗手池、座凳、亭子等，既具有使用功能，也具有美化装饰作用；装饰小品中的假山、花架、喷泉等，既是观赏美景的对象，也是人们休憩游玩的好去处。这类具综合功能的硬质景观体现了形式与功能的协调统一，在现代景观设计中被广泛应用（图5-64 ~图5-75）。

2. 植物景观设计

（1）植物在景观设计中的作用

1）构成景物、丰富园林色彩

植物无论是单独布置，还是与其他景物配合都能很好地形成景色。其以个体或群体植物特有的姿、色、香、韵等美感，可以形成园林中诸多造景形式（主、背、配、添、对、夹），同时构景灵活、自然多变。植物的叶色、花色、枝干色彩表现十分丰富，不同的植物有不同的色彩，同一种植物不同的部位、不同的季节、生长周期又呈现不同的自然色彩。

2）组合空间，控制风景视线

植物可以起到组织空间的作用。植物有疏密、高矮之别，利用植物所形成的空间具有“界定感”。由于植物的千差万别，故不同的乔、灌、草相互组合可以形成不同类型和不同感受的空间形式。通过不同植物高低、疏密的灵活配置，可以阻挡视线、透漏视线，变幻风景视线的透景形式，起到限制和改变景色的观赏效果，加强园林的层次和整体性。

植物组合空间的主要形式如下：

开敞空间（开放空间）：植物所组成的空间，不阻碍游人视线向远处眺望。

封闭空间（闭合空间）：植物所形成的空间，封闭游人的视线。

半开敞空间：植物一面高于视线，一面则

图5-64　折线形硬质景观布置

图5-65　曲线形硬质景观布置

图5-66　硬质景观与树木的结合布置

图5-67　道路硬质铺装布置

图5-68　装饰型的硬质景观

图5-69　桥上的硬质铺装布置

图5-70　硬质景观衬托出清静典雅之感

图5-71　装饰型的硬质景观布置

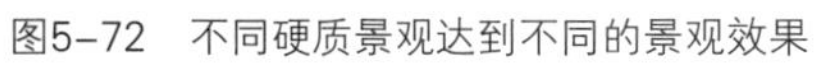

图5-72　不同硬质景观达到不同的景观效果

图5-73 极简单的铺装与座椅，很有设计感

图5-74 别墅周边景观的布置

图5-75 小品和绿化的完美结合，打造惬意的生活环境

低于视线的空间形式，其对外起引景的作用，对内起障景、控制视线的作用。

封顶开平：高大乔木所组成的空间，其上部覆盖封顶视线不可透，但水平视线可透。人在其中可远观山水、树下纳凉（树冠交织构成天棚）。

相对全封闭空间：植物空间的六个方向全部封闭，视线均不可透，如密林空间。

植物组合空间的形式丰富多样，其安排灵活、虚实透漏、四季有变、年年不同。因此，在各种园林空间中（山水空间、建筑空间、植物空间等），由植物组合或植物围合的空间是最常见的。

3）表现季节，增强自然气氛

表现季相的更替，是植物所特有的作用：植物的枯荣变化强调了季节的更替，使人感到自然界的变化。特别是落叶植物的发芽、展叶、开花、结果、树叶变化等，使人明显感到春、夏、秋、冬的季相变化。植物是自然活体，植物的生长带来的景色变化是其他素材所不能替代的（如雪枝露华、蝉鸣蝶舞、鸟踪兽迹、荫浓生凉、反光、生姿、发声等）。

4）改观地形，装点山水建筑

高低大小不同植物配置形成林冠线起伏变化，改观了地形。如平坦地植高矮有变的树木远观形成起伏有变的地形。若高处植大树、低处植小树，可增加地势的变化。

在堆山、叠石及各类水岸或水面中，常用植物来美化风景构图，起补充和加强山水气韵的作用。亭、廊、轩、榭等建筑的内外空间，也须有植物的衬托，所谓“山得草木而华、水得草木而秀，建筑得草木而媚”。

5）覆盖地表，填充空隙

园林中的地表多数用植物覆盖，绿化植物是既经济又实用（护岸固坡、防止冲刷）的户外地面铺器材料。此外，山间、水岸、庭院中等不易组景的狭窄空间隙地，大多也可以利用植物进行装饰美化。

（2）植物种植的基本原则

1）符合绿地的性质和功能要求

园林绿地的性质和功能决定了植物的选择和种植形式。园林绿地功能很多，但具体到某一绿地，总有其具体的主要功能，如街道绿地主要功能是蔽荫、组织交通，因此，种植要重解决荫蔽、交通和美观的问题（行道树冠大、绿篱隔离、观赏效果）。

2）满足园林风景构图的需要

A. 总体艺术布局要协调。规则式园林布局，多采用规则式配置形式，种植结合对植、列植、中心植、花坛、整形式花台，进行植物整形修剪。而在自然式园林绿地中则采用不对称的自然式种植，充分表现植物自然姿态，配植形式如孤植、丛植、群植、林地、花丛、花境、花带等。

B. 综合考虑观赏效果。人们欣赏植物景色的要求是多方面的，而全能的园林植物是极少的，或者说没有。因此，植物配置时，应根据其观赏特性进行合理搭配，表现植物在观形、赏色、闻味、听声上的综合效果。具体配置方法有：

- 观花和观叶植物结合；
- 不同色彩的乔、灌木结合；
- 不同花期植物结合；
- 草本花卉弥补木本花木的不足。

C. 四季景色有变化。组织好园林的季相构图，使植物的色彩、芳香、姿态、风韵随季节的变化交替出现，以免景色单调。重点地区一定要四时有景，其他各区可突出某一季节景观。

D. 植物比例要适合。不同植物比例安排影响着植物景观的层次、色彩、季相、空间、透景形式的变化及植物景观的稳定性。因此，在树木配置上应使速生树与长寿树，乔木与灌木，观叶与观花及树木、花卉、草坪、地被植物搭配比例合适。

在植物种植设计时应根据不同的目的和具体条件，确定树木花草之间的合适比例。如纪念性园林常绿树，可适当增加针叶树、庭院花木的比例。

E. 设计从大处着眼。配植要先整体后个体。首先考虑平面轮廓、立面上高低起伏、透景线的安排、景观层次、色块大小、主色调的色彩、种植的疏密等。其次，才根据高低、大小、色彩的要求，确定具体乔、灌、草的植物种类，考虑近观时单株植物的树形、花、果、叶、质地的欣赏要求。

F. 满足植物生态要求。要满足植物的生态要求，使植物能正常生长，一方面是因地制宜，使植物的生态习性和栽植地点的生态条件基本统一。另一方面要为植物正常生长创造适合的生态条件，只有这样才能使植物成活和正常生长（图 5-76、图 5-77）。

G. 民族风格和地方特色。我国园林和各地方园林有许多传统的植物配置形式和种植喜好，形成了一定的配置程式，在园林造景上应灵活应用，如竹径通幽——竹径，花中取道——花境，松、竹、梅——岁寒三友，槐荫当庭，梧荫匝地，移竹当窗，檐前芭蕉，编篱种菊，高台牡丹，芦汀柳岸，春节赏梅，重阳观菊，以及四川翠林，海南的椰林等。

H. 统筹近、远期景观效果。植物布置要速生树种与慢长（长寿）树种相结合，使植物景观尽早成效、长期稳定。首先基调和骨干（主调）树种要留有足够的间距（成年树冠大小决定种植距离），以便远期达到设计的艺术效果。其次，为使短期取得好的绿化效果，在栽植骨干、基调树种的同时，要搭配适量的速生填充树种（未成年树），种植距离可近些，使其很快形成景观，经过一段时间后，可分期进行树木间伐达到最终的设计要求。

总之，在进行园林植物布置时力求做到：功能上的综合性，构图上的艺术性，生态上的

图5-76　景观小品的各部分剖析

图5-77　景观植物

科学性，风格上的地方性，经济上的合理性。

3. 水景景观设计

古人云："仁者乐山，智者乐水。"自古以来，水就是智慧的象征。水在景观设计中是一个潜力非凡的艺术造型媒介（表5-31、表5-32，图5-78～图5-81）。居住区景观中水景的运用一般分为以下四类：

（1）装饰水景：不附带功能作用，仅为观赏、活跃气氛而已。创造气氛必须要考虑声音大小（背景音乐与主题音乐的情绪），灯光明暗（色彩的冷暖对比与动态），流水的振动频率，隐与现的时间差等基本艺术规律和韵律，造就装饰性的动人场景。

各种喷泉特点　　表5-31

名称	主要特点	适用场合
壁泉	由墙壁、石壁和玻璃板上喷出，顺流而下形成水帘和多股水流	广场、居住区入口、景观墙、挡土墙、庭院等
涌泉	水由下向上涌出，呈水柱状，高度0.6～0.8m左右，可独立设置也可组成图案	广场、居住区入口、庭院、假山、水池等
间歇泉	模拟自然界的地质现象，每隔一定时间喷出水柱和汽柱	溪流、小径、泳池边、假山等
旱地泉	将喷泉管道和喷头下沉到地面以下，喷水时水流回落到广场硬质铺装上，沿地面坡度排出。平常可作为休闲广场	广场、居住区入口等
跳泉	射流非常光滑稳定，可以准确落在受水孔中，在计算机控制下，形成可变化长度和跳跃时间的水流	庭院、园路边、休闲场所等
跳球喷泉	喷射出光滑的小球，水球大小和间歇时间可控制	庭院、园路边、休闲场所等
雾化喷泉	由多组微孔喷管组成，水流通过微孔喷出，看似雾状，多呈柱形和球形	庭院、广场、休闲场所等
喷水喷	外观呈盆状，下有支柱，可多分级，出水系统简单，多为独立设置	园路边、庭院、休闲场所等
小品喷泉	从雕塑的器具（罐、盆）和动物（鱼、龙）口中出水，形象有趣	广场、群雕、庭院等
组合喷泉	具有一定规模，喷水形式多样，有层次，有气势，喷射高度高	广场、居住区、入口等

各种水体形态效果 表 5-32

水体形态		水景效果			
		视觉	声响	飞溅	风中稳定性
静水	表面无干扰反射体（镜面水）	好	无	无	极好
	表面有干扰反射体（波纹）	好	无	无	极好
	表面有干扰反射体（鱼鳞波）	中等	无	无	极好
落水	水流速度快的水幕水堰	好	高	较大	好
	水流速度低的水幕水堰	中等	低	中等	尚可
	间断水流的水幕水堰	好	中等	较大	好
	动力喷涌、喷射水流	好	中等	较大	好
流淌	低流速平滑水墙	中等	小	无	极好
	中流速有纹路的水墙	极好	中等	中等	好
	低流速水溪、浅池	中等	无	无	极好
	高流速水溪、浅池	好	中等	无	极好
跌水	垂直方向瀑布跌水	好	中等	较大	极好
	不规则台阶状瀑布跌水	极好	中等	中等	好
	规则台阶状瀑布跌水	极好	中等	中等	好
	阶梯水池	好	中等	中等	极好
喷涌	水柱	好	中等	较大	尚可
	水雾	好	小	小	差
	水幕	好	小	小	差

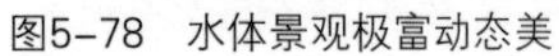

图5-78 水体景观极富动态美

图5-79 喷泉水体，打造清新舒适的景观效果

图5-80 各类水体景观的布置方式

图5-81　泳池、水体等景观使社区显得生机勃勃

（2）休闲水景：目的是给人一种心理安慰，往往以静为主。在居住区多以游泳池和戏水池出现。水池造型多样，是既可玩耍又可观赏的水体。

（3）居住水景：与休闲水景不同的是，它仅仅服务于拥有者，例如一个家庭。这种水景严格区分于自然水景，人工设计意味明显。

（4）自然水景：临水人家、湖畔居、水岸人家等位于居住区环境周边的水景称之为自然水景。这类水景几乎决定这类建筑的性质和拥有水景人的生活质量，它往往与整体的景观设计相关联。水景设计师可以借助总体设计的气势来做小环境水体的空间借景、对景处理，将内外空间融为一体。

4. 小品景观设计

小品在景观设计中起画龙点睛的作用。体量不在于大或小，除要体现本身功能外，还需对环境起点缀作用。根据功能，可分为五种：

（1）建筑部位艺术化小品，如室外楼梯、走廊等。

（2）室外工程设施艺术化小品，如出入口、挡土墙等。

（3）公共设施小品，如垃圾箱、路灯、指示牌等。

（4）活动设施小品，如儿童游戏器具、休息亭等。

（5）艺术小品，如喷水池、雕塑等。

前三类设施无论在建筑主体还是环境中，多数只起次要作用，在满足其功能的前提下，造型、材料可灵活多样，使其更好地融入环境中，增加景观的趣味性、观赏性，丰富空间层次（图5-82、图5-83）。

图5-82　简单的座椅布置

图5-83　景观铺装的合理搭配，使舍区清新自然

5.4.4 案例分析

1. 深圳万科第五园

（1）设计背景

项目位于深圳市龙岗区布吉镇坂雪岗南区，是近年来表现“乡土中国”建筑作品中难得的好作品。整个社区形成类似于传统村落形态、具有人情味的丰富邻里空间，饱含典雅和精致（图 5-84）。

（2）设计构思

1）在总体布局上，整个社区的规划由中央景观带分隔成两个边界清晰的“村落”，一条简洁的半环路将两个“村落”串联。各“村”内部由深幽的街巷或步行小路以及大小不同的院落组合而成，宜人的尺度构成了富有人情味的邻里空间。在建筑空间手法上，该项目吸收了富有广东地区特色的竹筒屋和冷巷的传统做法，通过天井、廊架、挑檐、高墙、花窗、孔洞、缝隙、窄巷等，以现代的建筑技艺和手法，还原地域建筑的空间情趣。在私家庭院的设计中，着力打造传统的、私密形制的内部庭院，形成私密天井的传统空间。

2）在建筑风貌上，用现代材料沿承粉墙黛瓦的江南居住建筑的美学意向。通过水系、植被的呼应，创造出一幅唯美的江南村落画面。高耸的工字钢压顶的墙面，表达传统建筑中马头墙的美感。传统的花窗、砖雕石刻点缀其中，使整个建筑群落地域文化韵味十足。

3）在建筑技艺的更新中，第五园采用现代材料、现代技术和现代手法，创造具有崭新地域建筑文化的韵味。比如工字钢压顶的白墙不仅可以塑造出传统马头墙的建筑美学，还可以如马头墙一样保护墙体不受风雨侵蚀。大量的铁锈花窗，在新材料与传统纹饰的对话中，创造出新的美感。

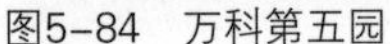

图5-84 万科第五园

图5-85　水体的运用与布置

图5-86　水中倒影，使得小区美轮美奂

4）在文化氛围的营造方面，万科第五园更是别具匠心。在整体规划中，设计者以书院和文街一组公共建筑作为整个建筑群落的起点，形成整个建筑群落的主形象区。这两组公共建筑功能灵活多变，空间曲折回环，加以水系相辅，使整个建筑群落具有江南园林的文化气质（图 5-85、图 5-86）。在规划中，设计师刻意保留了一栋老房子，使地块充满了历史感和丰富的人文气息。

2. 瑞典斯卡普纳克居住区

从瑞典新居住区规划中可看到内向封闭布局的流行（图 5-87）。斯卡普纳克，是斯德哥尔摩的一个卫星城，于 1987 年建设完成。居住区中 4 ~ 5 层住宅包围起来的大院，使人联想起封建时期欧洲城市里的旧街坊图。不同的是旧街坊的院子仅供采光，是无法活动的杂务后院，而现在的庭院有充足的绿化和阳光，成为居民日常生活活动的场所。居住区的密度很高，每公顷容纳 120 套住宅，每套住房平均约 150m^2，然而室外空间和绿化面积仍较多。斯卡普纳克的住宅组团内还设有小型儿童机构，使庭院里具有生活气息。

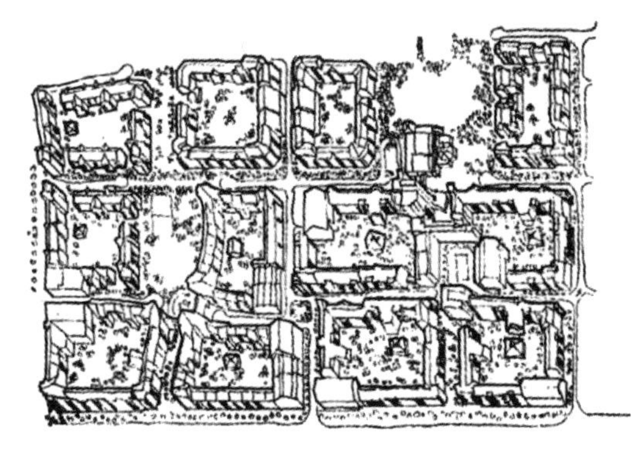

图5-87　瑞典斯卡普纳克居住区

5.5　文娱设施及体育场所标准

文娱体育设施场所标准见表 5-33。

5.5.1　空间标准

根据活动的要求，文娱体育设施一般要求有特定的尺寸标准（表 5-34、表 5-35）。

5.5.2　各种体育场地的特点

各种文娱体育设施场地及地面的布置，应满足其运动时的特殊要求。

文娱体育设施场所标准　表 5-33

类别	基本标准
城市文娱体育设施	除了特定的体育用地和文化用地外，其周围可以设置更大众化的文娱体育设施。设计标准源自田径运动、场地运动及其相关基础设施所需的特定空间要求和尺度要求。同时，为更好地整合设施和周围社区及景观环境之间的关系，设计应顺应地形、周围地区的土地性质和植被格局等
社区文娱体育设施	社区人口和环境特征是决定空间配置标准的基础。可以利用现有的和规划的绿色廊道空间，根据居住密度、机动车和行人入口通道，沿主要的自然廊道或文化廊道设置文娱体育设施
场地和地面	使用强度、负载特征、当地气候及土壤特征、规划要求、维护需求、基础设施配套要求等决定场地和地面标准

各类公园标准　表 5-34

设施类型	用地面积（hm^2）	服务半径 (km)	所服务的人口规模（hm^2/1000 人）
邻里公园	2 ~ 4	0.8	0.8 ~ 1.2
街区公园	4 ~ 12	1.6	0.6 ~ 1.2
社区公园	60 ~ 80	4.8 ~ 8	2 ~ 2.6
地区公园	200 ~ 400	16 ~ 32	4 ~ 12

游戏场和运动场的场地要求　表 5-35

器械或场地类别	单位设施的用地面积（m^2）	使用者人数
滑梯	42	6
单杠	17	4
水平梯	35	8
飞行环	58	6
绳用大步环行器	114	6
小攀登架	17	10
矮秋千架	14	1

续表

器械或场地类别	单位设施的用地面积（m^2）	使用者人数
高秋千架	23	1
平衡木	9	4
跷跷板	9	2
中攀登架	46	20
戏水池	279	40
手工制作、安静的游戏	149	30
室外剧场	186	30
沙坑	28	15
遮阳棚屋	232	30
英式足球场	3344	22
棒球场	1858	20
排球场	260	20
篮球场	348	16
跳跃沙坑	111	12
板球场	167	4
手球场	98	4
绳球场	37	2
掷蹄铁游戏场	56	4
网球场	669	4
直跑道径赛场	669	10

来源：*Architectural Systems Community Planning*

各种文娱体育设施要求 表 5-36

运动类型	用地面积（包括无障碍用地）	场地尺寸（mm）	方位	地面要求
羽毛球	场地底线到铺装地面边缘的无障碍空地宽度为 1500mm	双打： 6096mm × 13411.2mm 单打： 5181.6mm × 13411.2mm	除室内场外，室外长轴为南北向	任何种类的硬质地面或者草地；排水从场地边线向另一侧边线排水，或从底线向另一侧底线排水，坡度 0.8% ~ 1%。不允许将排水最高点设在球网线上
篮球	大学： 34200mm × 21000mm 国际比赛： 18000mm × 30000mm	大学： 28651.2mm × 15240mm 国际比赛： 14000mm × 26000mm	南北朝向	混凝土地面，从场地一侧向另一侧排水，每 3m 的高差为 25mm
手球	单墙手球： 200mm × 6000mm × 4800mm 三墙手球： 12000mm × 6000mm × 6000mm	单墙手球： 10363.2mm × 6096mm × 4876.8mm 三墙手球： 12192mm × 6096mm × 6096mm	单坪手球可随意设置，双坪手球一般为室内场	任何硬质地面，从前向后排水
推移板	15600mm × 3000mm，包括场地之间间隔 1200mm	15849.6mm × 1828.8mm	长轴为南北方向	混凝土压光抹平，不设伸缩缝。球道逐渐降低，向雨水收集槽中排水
网球	18000mm × 36000mm（双打），多场地组合时其间距为 3000 ~ 6000mm	10972mm × 23774.4mm	长轴为南北方向，在南半球，最佳朝向为北偏西或南偏东 22°	包括混凝土、黏砂土、沥青和草地等。从场地边线向另一侧边线排水，或从底线向另一侧底线排水，坡度 0.8% ~ 1%。不允许将排水最高点设在球网线上
排球	15000mm × 24000mm	9144mm × 18244mm	长轴为南北方向	沥青、沙地、黏砂土、草地等，高差为 25mm/3m
草地保龄球	39000mm × 39000mm	5761.2 ~ 6400.8mm × 36576mm / 球道	地下排水	要求球道绝对水平 球道在 6 个高台之上

续表

运动类型	用地面积（包括无障碍用地）	场地尺寸（mm）	方位	地面要求
足球	最小 51.6m × 111.6m	48768mm × 109728mm（包括两个 9m 的底线区）	长轴取西北—东南或南—北方向	地下排水能力要强
场地曲棍球	*	女子：91440mm×45720mm 男子：91440mm×54864mm	与足球场同	与足球场同
触身式橄榄球	40m×95m	12192mm×30480mm（包括两个 9m 的底线区）	与足球场同	与足球场同
长曲棍球	*（女子） 60m × 105m 有围栏（男子）； 66m × 111m 没有围栏（男子）	根据参照物设置边界，最小宽度 45720mm，长度 109728 ~ 124968mm（女子），54864 × 100584mm（男子）	与足球场同	与足球场同
橄榄球	*	100.6m × 54.9m 加上 5.5 ~ 11m 到球门底线的距离（职业联赛）；100.6m × 54.9m 加上 22.8m 到球门底线的距离（业余联合会）	与足球场同	与足球场同
棒球	*	女子：54.86m × 91.44m； 男子：48.77m × 109.73m	与足球场同	与足球场同

标注：*如果没有特殊说明，则没有标准；所有边线退让距离的推荐值都是9m（10码）。

1. 场地运动

场地运动比赛多由国际、国家、大学或高中社团主办，其场地标准会有所变化。以下列举了几个重要的正规组织。

（1）田径运动

田径运动包括任何特别适合在草地上进行的活动。在使用临时露天看台的情况下，在比赛场地和边线之间要留出 20 ~ 30 m 的缓冲区。

（2）高尔夫和高尔夫练习场

高尔夫球场的设计过于复杂以至于不能在这里将所有内容包括进来。但是，主要区域的一些要求如下：

18 洞标准球道的标准杆数在 68 ~ 72 之间。球道可以按五种基本配置中的一种来布局。它们所需要的面积在 60 ~ 75 hm^2 之间。

球洞的配置主要依据场地特征、设计程序和相邻土地的使用性质而定。

为了击中目标或越过球道的转弯部分，击球区应该有多个发球台。

2. 游泳池

游泳池有很多种形状，从自由形到 T 形或 L 形。但是，所有公共和半公共游泳池的基本设计都要依据当地法规。

（1）娱乐性的游泳池

娱乐性的游泳池可以为涉水者和非游泳者每人准备他们所希望的 1 m^2 的水面，而为每个游泳者准备 2.5 m^2 的水面。

非游泳区水深应小于 1500 mm。

很多公共游泳池有 80% 的水面是为非游泳者准备的。

每块跳板应该额外加 28 m^2 的水面。

娱乐性的游泳池周围的平台空间最起码应该与水面面积相等，因为在任何时间里，一般只有 1/3 的游泳者是在水中的。在平台上和水中的人的比例是 3∶1 到 4∶1，所以平台上要安排更多的活动内容。

（2）比赛用游泳池

在美国，校际比赛或大学联合对抗赛中使用的游泳池的最小长度是 25 码（为了容纳记分装置，实际上是 $75\frac{1}{2}$ 英尺）。

泳道中心线之间的宽度是 2100 mm，用宽度为 250 mm 的泳道分隔条标明。外侧泳道每侧增加 450 mm。

3. 游戏场和儿童活动场

消费者产品安全委员会（the Consumer Product Safety Commission，简称 CPSC）针对比较安全的游戏场布局提出以下建议要点：

保护性地面（木头碎片、覆盖物、沙子或豆粒石等）的最小厚度是 300 mm。

游戏器械固定组件各个方向落地区（减震材料）的最小半径是 1800 mm。在秋千的前后，减震材料的延伸距离应该等于悬挂横梁高度的 2 倍。

游戏器械之间的最少距离为 3600 mm。

游戏器械的开口应该小于 90 mm，或者大于 225 mm，以防止小孩被困在里面。

不应该有暴露在外的混凝土桩，突然的高程变化，以及树根、树桩或岩石等会绊倒小孩的东西。

抬高的地面如平台、坡道和栈桥等应该设护栏，以防小孩跌倒。

4. 野营和野餐

虽然野营的规模和配置随地形、植被等的不同而有所变化，但是，75 ~ 100 人的野营团平均要占大约 14 ~ 17 hm^2 的用地。

家庭型野营点用地面积通常为 4 m×5 m。

野餐区通常以 10 ~ 100 个单元为一组来设计，单元之间的距离是 10m。50 个单元 / hm^2 是很受人欢迎的。

5.5.3 社区公园和户外场地空间标准

1. 功能性要求

表 5-37、表 5-38 列举了范围从小型社区公园到大型地区性文娱体育中心，不同类型开敞空间和文娱体育运动区的推荐数值。

开放空间和文娱体育用地标准 表 5-37

设施类型	用地面积（hm^2）	最大服务半径（km）	所服务的人口规模（hm^2/1000 人）
邻里公园	2 ~ 4	0.80	0.80 ~ 1.20
街区公园	4 ~ 12	1.60	0.60 ~ 1.20
社区公园	60 ~ 80	4.80 ~ 8	2 ~ 2.60
地区公园	200 ~ 400	16 ~ 32	4 ~ 12

游戏场和运动场的场地要求 表 5-38

器械或场地类别	单位设施的用地面积（m^2）	使用人数	包括推荐人数
器械			
滑梯	42	6	1**
单杠	17	4	3**
水平梯	35	8	2**
飞行环	58	6	1
绳用大步环行器	114	6	1
小攀登架	17	10	1
矮秋千架	14	1	4*
高秋千架	23	1	6*
平衡木	9	4	1
跷跷板	9	2	4
中攀登架	46	20	1
器械和场地			
开放式游戏场（6~10 岁）	929	80	1*
戏水池	279	40	1*

续表

器械或场地类别	单位设施的用地面积（m^2）	使用人数	包括推荐人数
	器械和场地		
手工制作、安静的游戏	149	30	1*
室外剧场	186	30	1
沙箱	28	15	2
遮阳棚屋	232	30	1***
特种运动场			
英式足球场	3344	22	1
棒球场	1858	20	2
排球场	260	20	1
篮球场	348	16	1
跳跃沙坑	111	12	1
板球场	167	4	2****
手球场	98	4	2
绳球场	37	2	2****
掷蹄铁游戏场	56	4	2
网球场	669	4	2****
直跑道径赛场	669	10	1****
绿地	557		
小路、环路等	650		

注：*最小值要求；

**如果游戏场不与学校共同使用，那么这些器械的一个或者全部都可以省略；

***如果卫生设施设在别处，则可以省略；

****如果用地面积有限，则可以省略。

来源：Architectural Systems Community Planning

2. 景观性要求

（1）注入文化性因素

多种植物的合理配置能为文娱设施及体育场所创造独特的主题文化意境，而植物本身的意象表现又是植物进行意境创造的重要源泉，这种意境的表达通常借助植物所具有的某些特性，结合特定的环境进行构图，运用比拟、象征等手法激发产生不同的联想、想象，引发意境审美精神。

（2）满足功能性需求

运动场四周栽植行道树既可遮阴，又具引导作用。建筑周围的植物配置，以规范标准为基础，植物与建筑之间应保持适当距离，这样既能保证运动场馆正常的运动范围和通风、采光要求，又可为人们提供很好的观赏视距。如运动场周围植物选择高大的落叶乔木——栾树，夏季可降低太阳辐射，冬季使人们享受充足的阳光。

（3）创造协调的景观

运动场馆植物景观设计整体应采用简洁大气的构图形式，与运动环境相协调。植物造景中，采用大乔木烘托高大的建筑，配合丰富的季相变化，使其春天嫩叶、夏季浓荫、秋天色叶、冬天枝条。可用景象丰富的图标烘托体育场所的气氛，用坚毅的直线条色带对绿地进行有机划分，以体现运动精神。

（4）体现审美情趣

运动场馆的植物景观设计宜采用统一与均衡、韵律与节奏相结合的艺术表现形式。可以大片草坪及高大乔木形成基调及特色，起到统一作用；周边配以观花观果乔灌木，寻求景观变化，创造出运动、热烈、坚毅的氛围。赋有内涵的色带与模纹图案能够委婉含蓄地表达意义深刻的情感，给人以回味无穷的想象空间。运用模纹花坛、直线条的色块和树阵穿插等设计手法相结合的表现形式，可产生景观丰富的序列感与节奏感。同时，自然式的种植模式可以充分体现群落景观。

第 6 章
景观规划设计

6.1 景观规划设计流程

6.1.1 项目准备性分析阶段

景观规划师初步接触项目时，要首先了解整个项目的概况，包括建设规模、投资规模、可持续发展等方面，特别要了解业主对这个项目的总体框架方向和基本实施内容。其次对基地现场进行踏勘，收集规划设计前必须掌握的原始资料。

这些资料主要包括：①所处地区的气候条件，气温、光照、季风风向、水文、地质土壤（酸碱性、地下水位）。②周围环境，主要道路，车流人流方向。③基地内环境，湖泊、河流、水渠分布状况，各处地形标高、走向等。

收集资料后，必须立即进行整理，归纳，并主要进行以下几个内容的分析：

1）基地现状分析；

2）景观资源分析；

3）交通、区域分析；

4）项目市场定位分析；

5）当地历史、人文景观分析；

6）规划与建筑设计理念分析；

7）设计条件及客户要求的合理性分析。

6.1.2 设计创意及初步方案阶段

在着手进行总体规划构思之前，重点思考总体定位性质、内容、投资规模、技术经济控制及设计周期等问题。

构思草图只是一个初步的规划轮廓，接下去要将草图结合收集到的原始资料进行补充、修改。逐步明确总图中的入口、广场、道路、湖面、绿地、建筑小品、管理用房等各元素的具体位置。使整个规划在功能上趋于合理，在构图形式上符合园林景观设计的基本原则。

同时将设计与抽象的文化内涵以及深层的警世寓意相结合，将规划内容融合到有形的规划构图。

初步的方案应体现对分析与定位的把握，确定景观设计的风格，制定详细的设计分析过程，表达彩色总平面图及设计说明书表明设计意图，景观设计的初步效果图展示，对设计细节的内容如意向图表示等。

6.1.3 方案修改

经过初次修改后的规划构思，应进一步修改、添删项目内容，包括投资规模的增减、用地范围的变动、框（估）算调整说明等。

6.1.4 扩初图设计要点

设计者结合甲方方案修改的意见，进行深入一步的扩大初步设计（简称"扩初设计"）。在扩初文本中，应该有更详细、更深入的总体规划平面、总体竖向设计平面、总体绿化设计平面，以及建筑小品的平、立、剖面（标注主要尺寸）。在地形特别复杂的地段，应该绘制详细的剖面图。在剖面图中，必须标明几个主要空间地面的标高（路面标高、地坪标高、室内地坪标高）、湖面标高（水面标高、池底标高）等。

在扩初文本中，应该有详细的水、电气设计说明，如有较大用电、用水设施，要绘制给水排水、电气设计平面图。

在扩初的景观设计中，要做到以下几方面：

（1）细化景观层次；

（2）合理调整景观布局；

（3）重要节点和难点设计分析；

（4）园林建筑设计及风格细化；

（5）园林小品设计及风格细化。

6.1.5 施工图的设计

将再次对基地踏勘，但较之前的初次踏勘有区别的至少有以下3点：

（1）参加人员范围的扩大。前一次是设计项目负责人和主要设计人，这一次必须增加建筑、结构、水、电等各专业的设计人员。

（2）踏勘深度的不同。前一次是粗勘，这一次是精勘。

（3）掌握最新、变化后的基地情况。特别是前后踏勘相隔较长一段时间后，必须找出对今后设计影响较大的变化因素，加以研究，然后调整随后进行的施工图设计。

一般来讲，在大型园林景观绿地的施工图设计中所需的主要图纸有：

1）总平面详图指引；

2）设计定位/标高图；

3）给排水/水电施工图；

4）园林灯具照明图；

5）铺地/台阶详图；

6）道牙/花池/景墙详图；

7）水景/喷泉/泳池详图；

8）花架等园建详图；

9）乔木种植，附植物名录及数量统计；

10）灌木及地被植物种植并附植物名录及数量统计；

11）地形详图及效果图示意；

12）绿地规范说明及植物养护说明；

13）草坪边缘分隔详图；

14）指示系统设计；

15）景观音乐灯光设计；

16）施工预算；

17）施工监理。

6.1.6 预算师、造价师成本概算

施工图预算以扩初设计中的概算为基础。该预算涵盖了施工图中所有设计项目的工程费用。其中包括：土方地形工程总造价，建筑小品工程总造价，道路、广场工程总造价，绿化工程总造价，水、电安装工程总造价等。

而在实际的操作中，施工图预算与最终工程决算往往有较大出入。其中的原因各种各样，影响较大的是：施工过程中工程项目的增减，工程建设周期的调整，工程范围内地质情况的变化，材料选用的变化等。施工图预算编制属于造价工程师的工作，但项目负责人应该随时掌握工程预算控制度，必要时及时与造价工程师联系、协商，尽量使施工预算能较准确反映整个工程项目的投资状况。

而在项目中，项目负责人有责任为业主着想，客观上因地制宜，主观上发挥各专业设计

人员的聪明才智，平衡协调，做到投资控制。

整个工程项目建成后良好的景观效果，是在一定资金保证下，优良设计与科学合理施工结合的体现。

6.2 景观规划设计表现

景观规划设计师必须通过制图规范的学习，了解相关行业的图纸规范知识，了解景观设计专业的制图及出图规范，强调成果文件的专业性；对手绘技法有一定的认识，同时初步了解计算机辅助设计各种软件的适用范围。通过学习，掌握如何将自己的设计成果，转化为图纸成果文件，以求在实际景观设计工作中得以很好地应用。

6.2.1 图纸规范

1. 图纸的规格

设计图纸中，“A”系列图纸尺寸是最可取的公制尺寸。设计图主要有五种“A”系列尺寸：A是基本的图纸尺寸，面积是 $1m^2$。小幅图纸尺寸是前一幅大幅图纸尺寸长边长度的一半。具体图幅大小详见图 6-1。

图纸设有标题栏，位于图框右下角，格式由于图样作用不同而不尽相同，一般用于表明项目名称、图纸名称、设计单位、设计人员、审核人员、比例、图号、时间等，以便图纸的查阅和精确技术责任，详见图 6-2 及表 6-1、表 6-2。

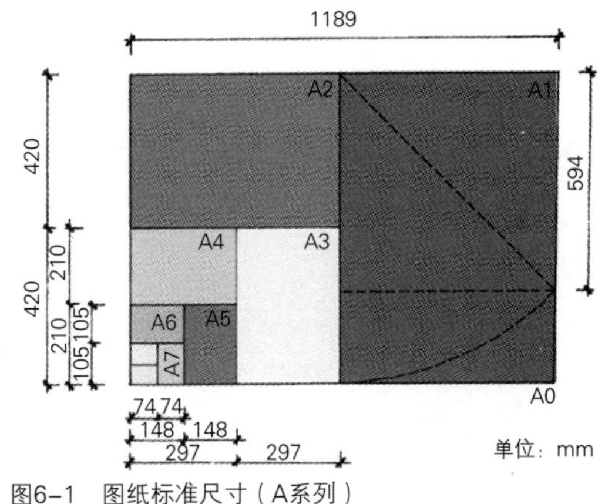

图6-1 图纸标准尺寸（A系列）

图纸的幅面及图框尺寸（单位：mm） 表 6-1

	A0	A1	A2	A3	A4
$B\times L$	841×1189	594×841	420×594	297×420	210×297
c	10			5	
a	25				

注：B——图纸宽度；L——图纸长度；c——非装订边各边缘到相应图框线的距离；a——装订宽度，横式图纸左侧边缘、竖式图纸上侧边缘到图框线的距离。

图纸长边加长尺寸 表 6-2

幅面尺寸	长边尺寸（mm）	长边加长后尺寸（mm）
A0	1189	1486　1635　1783　1932　2080　2230　2378
A1	841	1051　1261　1471　1682　1892　2010
A2	594	743　891　1041　1189　1338　1486　1635
A2	594	1783　1932　2080
A3	420	630　841　1051　1261　1471　1682　1892

注：有特殊需要的图纸，可采用841mm×891mm与1189mm×1261mm的幅面。

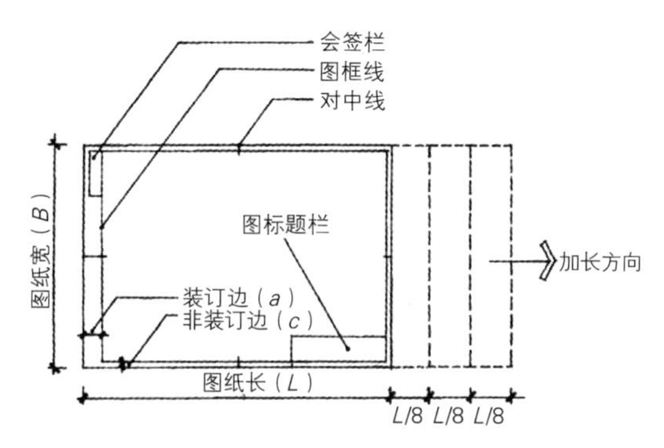

图6-2　图纸幅面

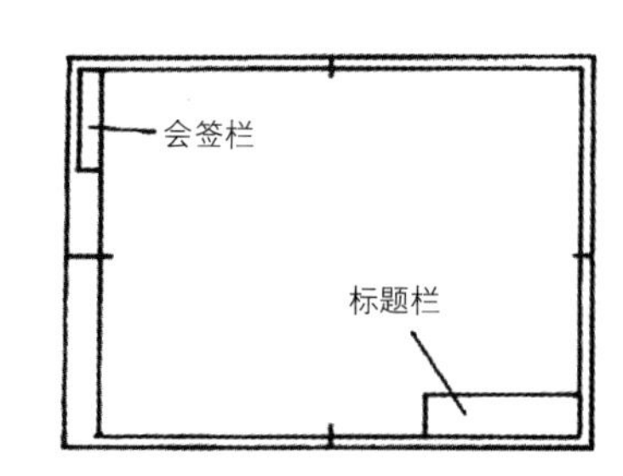

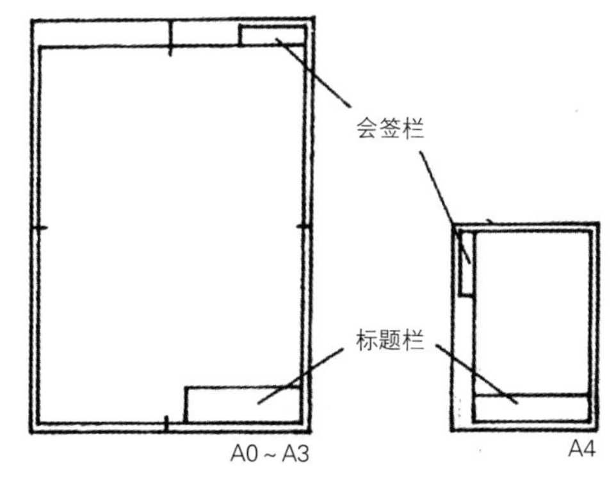

图6-3　横式和竖式图纸

2. 标题栏与会签栏

标题栏又称图标，用来简要地说明图纸的内容。标题栏除竖式 A4 图幅位于图的下方外，其余均位于图的右下角（图 6-3）。

标题栏应按图 6-4（a）所示，根据工程需要选择确定其尺寸、格式及分区。签字区应包含实名列和签名列。涉外工程的标题栏内，各项主要内容的中文下方应附有译文，设计单位的上方或左方，应加“中华人民共和国”字样。

会签栏应按图 6-4（b）的格式绘制，其尺寸应为 100mm×20mm，栏内应填写会签人员所代表的专业、姓名、日期（年、月、日）；一个会签栏不够时，可另加一个，两个会签栏应并列；不需会签的图纸可不设会签栏。图框、标题栏和会签栏的线条粗细要求详见表 6-3。

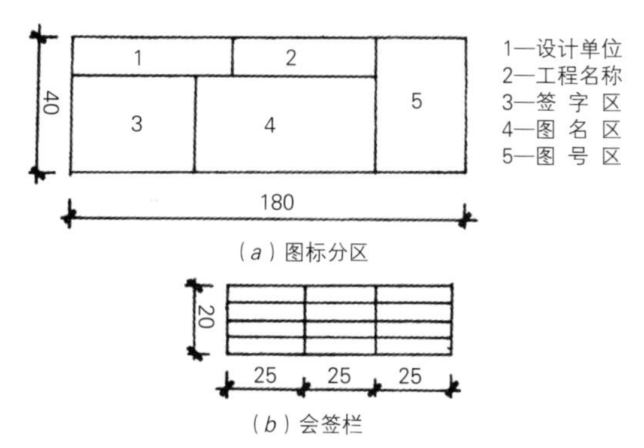

图6-4　标题栏和会签栏

图框、标题栏和会签栏的线条粗细要求　　表 6-3

	图框线	标题栏外框线	栏内分格线
A0、A1	1.4mm	0.7mm	0.35mm
A2、A3、A4	1.0mm	0.7mm	0.35mm

3. 比例

图纸上图样大小与实物大小之比称为比例。无论在图纸上采用什么比例，尺寸都必须按照实际尺寸标注。比例的选用根据实际情况而定。

按图形大小确定图纸幅面（即图号），如形体最大尺寸为 30000×22000mm，如果按 1∶100 比例作图，则图纸上的图形为 300×220mm，用 A3 图纸就能满足。如果用 A4 图幅作此图只能采用 1∶200 的比例才可以作出图形。

（1）要求按规定比例作图，就要选择适合的图幅。对于不同类型的施工图一般规定有常用比例，如建筑施工图中、平、立、剖面图一般采用 1∶100 或 1∶200；总平面图一般采用 1∶500 或 1∶1000；景观设计总图常用比例为 1∶300、1∶400、1∶500 和 1∶600；园林详图常用 1∶100、1∶200 和 1∶300 的比例。

（2）要求按规定的图幅作图，需要确定作图的比例。一套施工图通常采用相同的图幅。

6.2.2　手绘表现

1. 绘图工具

常用的绘图工具有工作台、图纸（绘图纸、硫酸纸）、图板、丁字尺、三角板、比例尺、曲线板、图形模板、绘图仪（分规、圆规、鸭嘴笔）、针管笔、铅笔、橡皮、小刀、彩铅、马克笔等。

2. 图面表现

（1）景观规划设计中的平面、立面、剖面图

地形、水面、植物和建（构）筑物是构成园林实体的四大要素。园林中景物的平立（剖）面图是以上这些要素的水平面（或水平剖面）和立（剖）面的正投影所形成的视图（图 6-5）。

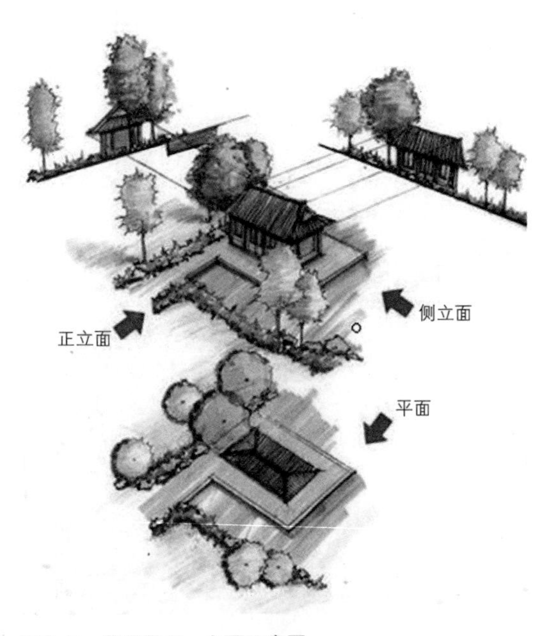

图6-5　景观平面、立面示意图

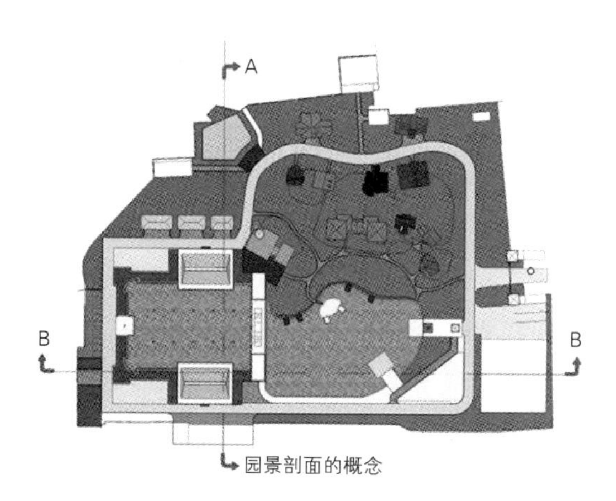

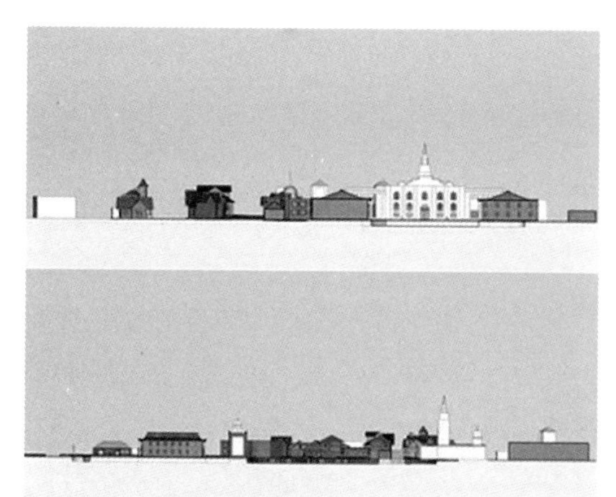

图6-6 园林景观剖面图示意

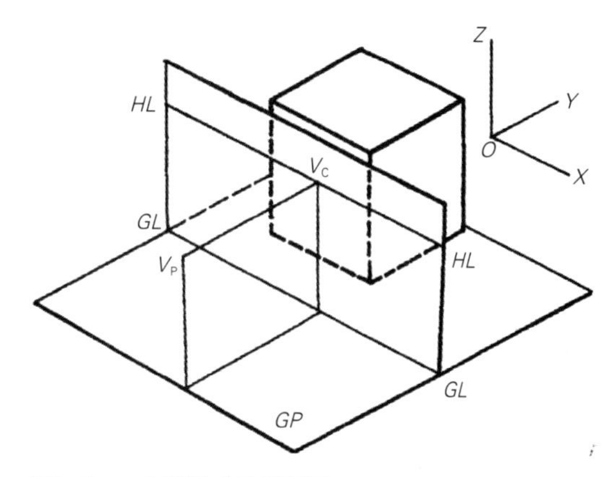

图6-7 一点透视成像原理图

园景剖面图是指某园景被一假想的铅垂面剖切后，沿某一剖切方向投影所得到的视图（图6-6）。

（2）透视图

“透视”是一种绘画活动中的观察方法和研究视觉画面空间的专业术语，通过这种方法可以归纳出视觉空间的变化规律。用笔准确地将三度空间的景物描绘到二度空间的平面上，这个过程就是透视过程。用这种方法可以在平面上得到相对稳定、具有立体特征的画面空间，这就是“透视图”。

当视点、画面和物体的相对位置不同时，物体的透视形象将呈现不同的形状，从而产生各种形式的透视图。这些形式不同的透视图的使用情况及所采用的作图方法都不尽相同。习惯上，可按透视图上灭点的多少来分类和命名，也可根据画面、视点和形体之间的空间关系来分类和命名。

透视图大致分为以下三类：

1）一点透视

又称为平行透视，建（构）筑物只有一个方向的轮廓线垂直于画面，其灭点就是主点；而另两个方向的轮廓线均平行于画面，没有灭点。成像原理如图6-7所示。

一点透视的适用范围较广，它既可以表现室内设计，又可以描述室外环境。这种透视图有强烈的纵深感，具有平坦、端庄、静穆、严肃、规整的效果。因此，要强调布局的对称以及表现特殊空间的庄重或安静气氛时，采用平行透视是比较合适的。不过，在采用一点透视时要注意防止画面呆板和透视形象平面化（图6-8）。

图6-8　一点透视

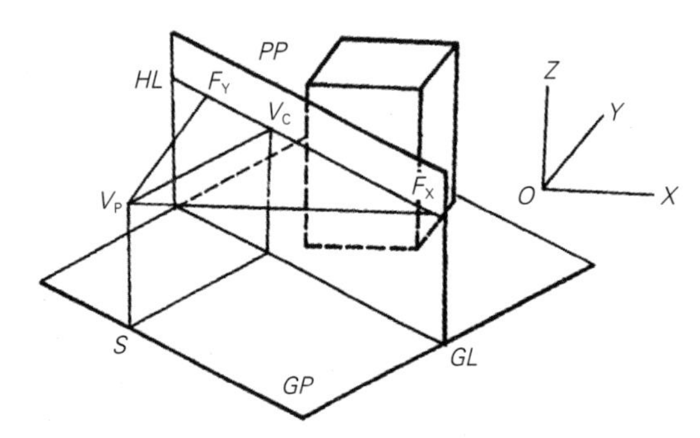

图6-9　两点成像原理图

2）两点透视

又称为成交透视，如果建（构）筑物只有铅垂的轮廓线平行于画面，而另两组水平的轮廓线均与画面斜交，于是在画面上就会得到两个灭点，这两个灭点都在视平线上。成像原理如图 6-9 所示。

两点透视是一种有代表性的透视形式。两点透视不仅能够表现出空间的立体感，同时透视的形象还具有强烈的“透视感”。当透视角度有所改变时，其透视效果差异也较大。因此，可以充分运用画面上透视趋势的增强和减弱来组织画面，以适应各种主题的要求表现出不同的气氛。如果用成角透视来表现室内一角的特写，画面会显得紧凑、集中和突出，颇具轻快、活跃、随意的透视表现效果（图 6-10）。

3）三点透视

又称为斜透视，如果画面倾斜于基面，即画面与建筑物三组主要方向的轮廓线相交，画面上就会形成三个灭点。成像原理如图 6-11 所示。

这种透视的特点是画面上有竖向的透视消失，不论仰视或俯视，这种竖向的透视消失都会产生一种崇高和雄伟的气势。因此，往往用这种透视形式来表现高层建筑或纪念塔等建筑

图6-10　两点透视

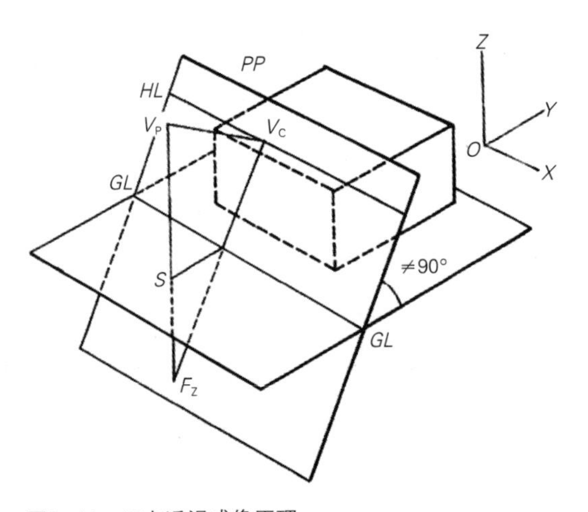

图6-11　三点透视成像原理

物。这种透视形式还可用来描绘某一空间环境，如庭院或广场，它不仅能清楚地表达环境，而且方向各异的透视视线丰富了画面，颇具特色（图 6–12）。

（3）手绘色彩表现

主要的黑白表现方式有：线描形式（图 6–13）、素描形式（图 6–14）、快速表现（图 6–15）、草图表现（图 6–16）等。

图6–14　素描形式

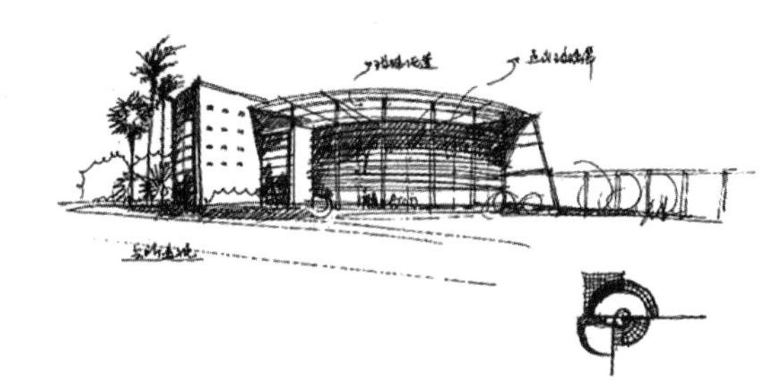

图6–15　快速表现

图6–12　三点透视

6–13　线描表现

图6–16　草图表现

色彩表现对一幅完整的手绘表现设计作品而言，着色是对方案的色彩描述，体现的是手绘表现的景观效果。

彩色铅笔颜色繁多，有独特的表现力和效果，运用素描技法，与有色粉笔合用，是一种简便快捷的方案表达技法（图 6–17）。

马克笔分油性、水性，种类繁多，粗细有别。马克笔是一种快捷而有效的绘图工具，具有干得快、着色方便、色彩亮丽、透明度高和色彩叠加等特点，因此，常用于快速表现（图 6–18）。

在以前计算机不太普及的 20 世纪 90 年代，水彩渲染法在景观绘图中的应用是最普遍、传统的方法（图 6–19）。水彩是以水为媒介，调和专门的水彩颜料进行景观创作，水彩着色要注意由浅至深、由淡至浓，逐渐分层次的叠加。但这种方法耗时长，没有彩铅、马克笔等方便快捷，目前逐渐被淘汰。

图6–17　彩色铅笔表现法

图6–18　马克笔表现法

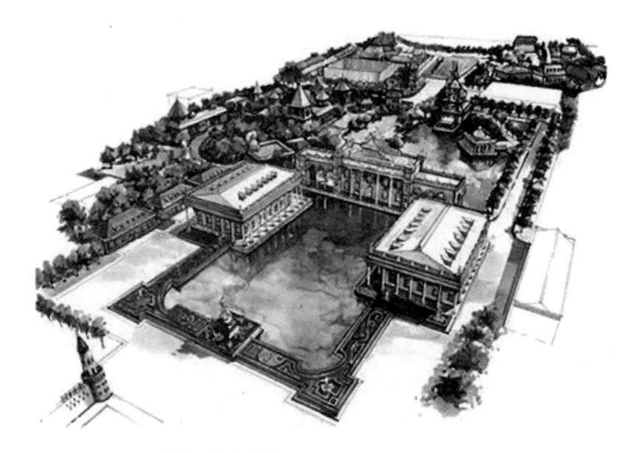

图6–19　水彩渲染表现法

6.2.3　计算机辅助设计表现

1. 软件类别

常用建模软件：SketchUp、3D MAX 等。

常用渲染软件：3D（VR）、Lumion、SU（VR）等。

常用后期软件：Photoshop、Piranesi 等。

2. 各类软件特点

（1）建模软件——SketchUp

1）独特简洁的界面，可以让设计师短期内掌握 。

2）适用范围广阔，可以应用在建筑、规划、园林、景观、室内及工业设计等领域。

3）具有方便的推拉功能，设计师通过一个图形就可以方便地生成 3D 几何体，无需进行复杂的三维建模。

4）快速生成任何位置的剖面，使设计者清楚地了解建筑的内部结构，可以随意生成二维剖面图并快速导入 AutoCAD 进行处理。

5）与 AutoCAD、Revit、3DMAX、PIRANESI 等软件结合使用，快速导入和导出 DWG、DXF、JPG、3DS 等格式的文件，实现方案构思、效果图与施工图绘制的完美结合，同时提供与 AutoCAD 和 ARCHICAD 等设计工具匹配的插件。

6）自带大量门、窗、柱、家具等组件库和建筑肌理边线需要的材质库。

7）轻松制作方案演示视频动画，全方位表达设计师的创作思路。

8）具有草稿、线稿、透视、渲染等不同显示模式。

9）准确定位阴影和日照，设计师可以根据建筑物所在地区和时间实时进行阴影和日照分析。

10）简便地进行空间尺寸和文字的标注，并且标注部分始终面向设计者。

（2）建模软件——3D MAX

1）功能强大，扩展性好。建模功能强大，在角色动画方面具备很强的优势，另外丰富的插件也是其一大亮点。

2）和其他相关软件配合流畅。

3）做出来的效果非常逼真。

（3）渲染软件——3D（VR）、SU（VR）

1）真正的光影追踪反射和折射。

2）平滑的反射和折射。

3）半透明材质可用于创建石蜡、大理石、磨砂玻璃等材质的模拟。

4）面阴影（柔和阴影）。

5）间接照明系统（全局照明系统）。可采取直接光照和光照贴图方式。

6）运动模糊。

7）摄像机景深效果。

8）抗锯齿功能。

9）散焦功能。

（4）渲染软件——Lumion（渲影）

1）建筑可视化。

2）直接在电脑上创建虚拟现实。

3）渲染和场景创建降低到只需几分钟。

4）从 SketchUp、Autodesk 产品和许多其他的 3D 软件包导入 3D 内容。

5）增加了 3D 模型和材质。

6）通过使用快如闪电的 GPU 渲染技术，能够实时编辑 3D 场景。

7）使用内置的视频编辑器，创建非常有吸引力的视频。

8）可输出 HD MP4 文件、立体视频并打印高分辨率图像。

9）支持现场演示。

（5）后期软件——Photoshop

1）可对图像任意编辑。

2）可对图像很好地融合。

3）可方便快捷地对图像的颜色进行明暗、色偏的调整和校正。

4）滤镜、通道及工具综合应用图像的特效创意和特效字的制作。

（6）后期软件——Piranesi（空间彩绘大师）

1）可使用杂点图腾，表现出粒状纹理及质感效果。

2）可运用任意形状的笔触，进行上色，表现出水彩、油画、版画风格。

3）能够检测出画面中的轮廓线，表现铅笔画、炭笔画风格。

4）能够设定笔锋或质感等，产生独自风格的效果。

5）在三维空间进行特效编辑。

（7）后期软件——Painter（画家）

1）有丰富的数码仿真画笔。

2）真实笔触绘画系统能够忠实再现绘画过程中在画布、笔刷间的交互感觉。

3）艺术油画笔刷系统绘画时，笔刷可以直接在图像上进行混色。画笔能够同画布上已有的绘画相互影响作用，就如同在真实的自然介质上绘画。

3. 建模软件综合分析（表6–4、表6–5、图6–20）

3D MAX软件分析表　　表6–4

	软件操作	工作效率	应用资源	成图风格	市场需求
软景	制作较复杂，以网络下载为主，植物造型可编辑，需了解相关植物知识	3D面数多，影响运行速度，3D模型应避免大量使用，一般在后期合成	网络资源充足，但大多数效果不佳，使用前需要整理分类	写实效果，后期需要修改	适合专业3D效果设计师使用，做漫游动画；适合接受3D效果图的业主
硬景	能充分表现各种场景及建筑，容易表现异形建筑效果，需了解相关建筑结构知识	模型制作较快但修改较慢，不适合做设计推敲	网络资源充足，对于景观设计可提供大量的家具素材	效果逼真，以建筑表现及室内表现最佳	适合专业3D效果设计师使用，做漫游动画；适合接受3D效果图的业主
光影	操作比较复杂，须有经验的模型师能达到一定效果	对不同的环境需要反复调整渲染小样，比较耗时	丰富的渲染器搭配光影使用，专业度较高	完全写实的光照效果，需后期处理光照强度与颜色	适合专业3D效果设计师使用，适合接受3D效果图的业主
材质	操作简便，需要具备一定景观专业知识	材质贴图过程中经常会因搭配效果而反复调整	网络资源充足，拥有各种格式的材质贴图	可实现无缝贴图，质感光泽度，效果逼真	适合专业3D效果设计师使用，适合接受3D效果图的业主

SketchUp 软件分析表　　表 6-5

	软件操作	工作效率	应用资源	成图风格	市场需求
软景	2D 植物制作容易，3D 植物缺乏	景观植物配置快捷，可使用大量 2D 植物	网络上的素材比较缺乏，效果不理想	草图风格，线条可模拟手绘效果，但输出较慢，可用其他后期软件处理最终效果	建筑及景观设计师使用，方便预览植物的搭配效果
硬景	适合建筑及景观几何形体建模，尺寸精准	建模快速，可进行方案推敲	网络素材丰富，各种场景内配饰家具丰富	草图风格，线条可模拟手绘效果，但输出较慢，可用其他后期软件处理最终效果	建筑及景观设计师使用，适合方案交流及即时演示
光影	准确的日照效果，操作简易	打光快速	网络渲染插件大都带有光照功能，但使用较复杂	草图风格，画面简洁，但是光影不够自然	适用建筑及规划设计，可作日照分析
材质	贴图简便	贴图快速	网络贴图丰富	写实风格与草图风格，但写实风格效果较差，需要后期的处理	建筑及景观设计师使用

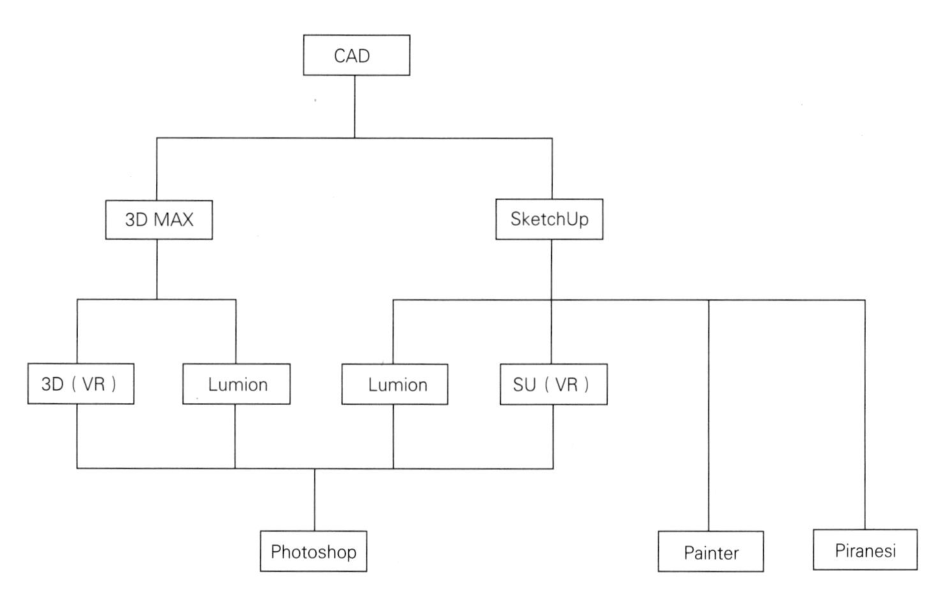

图6-20　软件搭配组织图

图6-21　搭配一效果图

图6-22　搭配二效果图

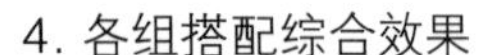

4. 各组搭配综合效果

（1）搭配一：CAD + 3D MAX + 3D（VR）+Photoshop（图 6-21）

优点：使用 3D 制作硬质景观，可充分表达模型精细程度。配合 VR 渲染器，渲染写实效果。PS 后期处理软景与光照效果。

缺点：3D MAX 建模用时较长，渲染速度与其他渲染方式相比较慢，后期效果调整不易掌握。

（2）搭配二：CAD + 3D MAX + Lumion+ Photoshop（图 6-22）

优点：使用 3D 制作硬质景观，可充分表达模型精细程度。在 LM 中添加材质以及植物便可渲染直接输出动画或者画面，风格类似 CG 动画，其特有的夜景效果最佳，方便省时。也可用 PS 对输出的效果再次修改。

缺点：3D 建模用时较长。在 LM 添加材质与植物的素材量相对较少，而且 LM 渲染效果单一，对电脑配置要求较高，软件自身存档不可以与其他电脑分享。PS 修改的效果范围较小。

（3）搭配三：CAD + SketchUp + Lumion + Photoshop（图 6-23）

优点：相比 3D 建模，使用 SU 建模更加快速，更适合做建筑与景观的模型场景。在 LM 中添加材质以及植物便可渲染直接输出动画或者画面，风格类似 CG 动画，其特有的夜景效果最佳，方便省时。也可用 PS 对输出的效果再次修改。

缺点：SU 快速建模的同时不易将细节表达过于细腻。在 LM 添加材质与植物的素材量相对较少，而且 LM 渲染效果单一，对电脑配置要求较高，软件自身存档不可以与其他电脑分享。PS 修改的效果范围较小。

（4）搭配四：CAD + SketchUp + SU（VR）+ Photoshop（图 6-24）

图6-23　搭配三效果图

图6-24 搭配四效果图

图6-25 搭配五效果图

优点：相比3D建模，使用SU建模更加快速，更适合做建筑与景观的模型场景。VR渲染类似3D的VR，渲染沙盘模型效果。PS可后期处理软景与光照效果。

缺点：SU快速建模的同时不易将细节表达过于细腻。渲染参数设置比较复杂，渲染速度比较慢，效果也比3D的渲染要差些，其使用人群较少。后期效果调整不易掌握。

（5）搭配五：CAD + SketchUp + Painter（图6-25）

优点：相比3D建模，使用Sketch Up建模更加快速，更适合做建筑与景观的模型场景。Painter做后期，借助Sketch Up输出的手绘风格与Painter的画笔工具可在手写板上模拟真实手绘风格。

缺点：用Sketch Up快速建模的同时不易将细节表达过于细腻。Painter更适合有美术基础的设计人使用。

（6）搭配六：CAD + SketchUp + Prianesi（图6-26）

优点：相比3D建模，使用Sketch Up建模更加快速，更适合做建筑与景观的模型场景。

图6-26 搭配六效果图

Piranesi进行后期的渲染，可产生水彩油画等效果，方便快速不用耗费大量的渲染时间。

缺点：用Sketch Up快速建模的同时不易将细节表达过于细腻。Piranesi更适合有美术基础的设计人使用。

6.3 景观规划设计

6.3.1 指导思想

1. 以人为本

景观规划设计的最终目的是应用社会、经

济、艺术、科技、政治等综合手段，满足人在城市环境中的存在与发展需求。人作为城市空间的主体，任何空间环境设计都应以人的需求为出发点，体现出对人的关怀，根据婴幼儿、青少年、成年人、老年人、残疾人的行为心理特点创造出满足其各自需要的空间，如运动场地、交往空间、无障碍通道等。伴随时代的进步，人们的生活方式与行为方式也在发生变化，景观规划设计也应适应变化的需求。

西蒙兹认为："人们规划的不是场所，不是空间，也不是物体。人们规划的是体验——首先是确定的用途或体验，其次才是随形式和质量的有意识的设计，以实现希望达到的效果。场所、空间或物体都根据最终目的来设计，以最好的服务来表达功能，最好的产生所规划的体验。"这里所说的人们，就是指景观规划设计的主体服务对象。

在景观规则设计中，设计师对主体服务对象——使用者的充分理解是很必要的。西蒙兹认为，在景观规划设计中，人首先具有动物性，通常保留着自然的本能并受其驱使。要合理规划，就必须了解并适应这些本能。同时，人又有动物所不具备的特质，他们渴望美和秩序，这在动物中是独一无二的。人在依赖于自然的同时，还认识自然规律、改造自然。所以，理解人类自身，理解特定景观服务对象的多重需求和体验要求，是景观规划设计的基础。

2. 尊重自然，显露自然

自然环境是人类赖以生存和发展的基础，其地形地貌、河流湖泊、绿化植被等要素构成城市的宝贵景观资源。尊重并强化城市的自然景观特征，使人工环境与自然环境和谐共处，有助于城市特色的创造（图6-27）。古代人们利用风水学说在地址选择、房屋建造、使人与自然达成"天人合一"的境界方面为我们提供了极好的参考榜样。今天，在钢筋混凝土大楼林立的都市中积极组织和引入自然景观要素，不仅对达成城市生态平衡，维持城市的持续发展具有重要意义，同时以其自然的柔性特征"软化"城市的硬体立面，可为城市景观注入生气与活力（图6-28）。

图6-27 人工环境、自然环境的和谐共处

图6-28 显露自然的景观设计

图6-29 优美的自然小溪

图6-30 怡人的湖边景色

显露自然作为生态设计的一个重要原理和生态美学原理，在现代景观规划设计中越来越得到重视（图 6-29、图 6-30）。景观设计师不单设计景观的形式和功能，他们还可以给自然现象加上着重号，突显其特征，引导人们的视野和运动，设计人们的体验。这样，雨水的导流、收集和再利用的过程，通过城市雨洪生态设计可以成为城市的一种独特景观；设计把脚下土层和基岩变化作为景观设计的对象，可以唤起大城市居民对摩天大楼与水泥铺装下的自然的意识；在自然景观中的水和火不再被当作灾害，而是一种维持景观和生物多样性所必需的生态过程。

3. 保护资源，节约资源

设计中要尽可能使用再生原料制成的材料，尽可能将场地上的材料循环使用，最大限度地发挥材料的潜力，减少生产、加工、运输材料而消耗的能源，减少施工中的废弃物，并且保留当地的文化特点。如德国海尔布隆市砖瓦厂公园，充分利用了原有砖瓦厂的废弃材料——砾石作为道路的基层或挡土墙的材料，或成为增加土壤中渗水性的添加剂；石材砌成挡土墙；旧铁路的铁轨作为路缘。所有这些废旧物在利用中都获得了新的表现，从而也保留了上百年的砖厂生态和视觉的景观特点。

6.3.2 设计原则

1. 生态化设计原则

近年来，“生态化设计”一直是人们关心的热点。生态设计在建筑设计和景观设计领域尚处于起步阶段，对其概念的阐释也各有不同。概括起来，一般包含两个方面：①应用生态学原理指导设计；②设计的结果在对环境友好的同时又满足人类需求。参照西蒙·范·迪·瑞恩和斯图亚特·考恩的定义：任何与生态过程相协调并尽量使其对环境的破坏影响达到最小的设计形式都称为生态设计，这种协调意味着设计尊重物种多样性，减少对资源的剥夺，保持营养和水循环，维持植物生存环境和动物栖息地的质量，以有助于改善人居环境及生态系统的健康（图 6-31、图 6-32）。

图6-31 微波粼粼的湖面

图6-32 素雅的小桥

"生态化设计的目标就是继承和发展传统景观规划设计的经验，遵循生态学的原理，建设多层次、多结构、多功能的科学体系，建立人类、动物、植物相关联的新秩序，使其在对环境的破坏影响最小的前提下，达到生态美、科学美、文化美和艺术美的统一，为人类创造清洁、优美、文明的景观环境。"

（1）地方性原则

1）景观规划设计应根植于所在的地方，尊重传统文化和乡土知识，吸取当地人的经验。由于当地人依赖于其生活环境获得日常生活的物质资料和精神奇托，他们关于环境的认识和理解是场所经验的有机衍生和积淀，所以设计应考虑当地人及其文化传统给予的启示。

2）要顺应基址的自然条件。场地外的生态要素对基址有直接影响与作用，所以，设计时不能局限在基址的红线以内；另外，任何景观生态系统都有特定的物质结构与生态特征，呈现空间异质性，在设计时应根据基址特征进行具体分析；考虑基址的气候、水文、地形地貌、植被以及野生动物等生态要素的特征，应尽量避免对它们产生较大的影响，维护场所的健康运行。

3）应因地制宜，合理利用原有景观。要避免单纯地追求宏大气势和"英雄气概"，要因地制宜，将原有景观要素加以利用。当地植物和建材的使用，是景观设计生态化的一个重要方面。景观生态学强调生态斑块的合理分布，而自然分布状态的斑块本来就有一种无序之美，在设计中要尊重它并加以适当的改造，创造出充满生态之美的景观。

（2）资源的节约和保护原则

保护不可再生资源。在大规模的景观设计过程中，特殊自然景观元素或生态系统的保护尤显重要，如城区和城郊湿地的保护、自然林地的保护；尽可能减少能源、土地、水、生物资源的使用，提高使用效率。景观设计中如果合理地利用自然过程，如光、风、水等，可大大节约能源；利用废弃的工地和原有材料，包括植被、土壤、砖石等，服务于新的功能，可以大大提高资源的利用率。在发达国家的城市景观规划设计中，把关闭和废弃的工厂在生态

图6-33 简约的栏杆衬托出质朴的景致

图6-34 简约的花架设计与环境和谐统一

恢复后变成市民的休闲地已成为一种潮流。

景观对能源和物质的耗费体现在整个生命周期，即材料的选择、施工建设、使用管理和废弃过程中。为此，材料选用应以能循环使用、降解再生为主，同时提高景观的使用寿命。

（3）整体性原则

景观是一个综合的整体，它是在一定的经济条件下实现的，必须满足社会的功能，也要符合自然的规律，遵循生态原则。景观规划设计是对人类生态系统整体进行全面设计，而不是孤立地对某一景观元素进行设计，是一种多目标设计。为人类需要，也为动植物需要；为高产值需要，也为审美需要。设计的最终目标是整体优化（图6-33、图6-34）。

现代景观规划设计绝不只是建筑物的配景或背景。要相地合宜，与自然、环境形成统一整体。广场、街景、园林绿化，从城市到牧野都寄托了人类的理想和追求，需注重人的生活体验、人的感受。美好的景观环境既是未来生活的憧憬，也是历史生活场景的记忆，更是现代生活的空间和系统。景观规划设计要解决人与人、结构与功能、格局与过程之间的相互关系，使自然环境与周围环境充分结合，创造出和谐丰富的外部空间环境。

（4）多学科综合原则

景观规划设计涉及科学、艺术、社会及经济等诸多方面的问题，它们密不可分，相辅相成。只有联合多学科共同研究、分工协作，才能保证景观整体生态系统的和谐与稳定，创造出具有合理使用功能、良好生态效益、经济效益，高质量的景观。

2. 人性化设计原则

（1）人性化设计原则

人性化设计是人类在改造世界过程中一直追求的目标，是设计发展的更高阶段，是人们对设计师提出的更高要求，是人类社会进步的必然结果。人性化设计是以人为轴心，注意提升人的价值，尊重人的自然需要和社会需要的动态设计哲学。在以人为中心的问题上，人性化的考虑也是有层次的，以人为中心不是片面地考虑个体的人，而是综合地考虑群体的人、社会的人，考虑群体的局部与社会的整体结合、社会效益与经济效益结合，使社会的发展与更为长远的人类的生存环境达到和谐统一。因此，人性化设计应该站在人性的高度上把握设计方向，以综合协调景观规划设计所涉及的深层次问题（图 6–35、图 6–36）。

（2）人性化设计理念体系

1）物理层次的人性化设计

物理层次的需要是满足人的基本需要。人性化设计的景观不仅要给生活带来方便，更重要的是使使用者与景观之间的关系，更加融洽。它会最大限度地迁就人的行为方式，体谅人的感情，使人感到舒适。设计时要考虑不同文化层次和不同年龄人活动的特点，要求有明确的功能分区，形成动静有序、开敞和封闭相结合的空间，以满足不同人群的需要。人性化设计更大程度地体现代设计细节上，如各种配套服务设施是否完善、尺度问题、材质的选择等。

2）心理层次人性化设计

心理层次上的满足感不像物理层次上的满足那样直观，它往往难以用语言来表述，甚至连许多使用者也无法说明为什么会对它情有独钟。

图6–35　尺度宜人的小池塘

图6–36　具有古典园林韵味的景墙

图6–37　屋顶花草装饰的小木屋

图6–38　吸引儿童的卡通小品

人们对景观的心理感知是一种理性思维的过程。有了这一过程，才能作出由视觉观察得到的对景观的评价，因而心理感知是人性化景观感知过程中的重要一环。按思维形式可将其分为推理和联想两部分。推理就是由已知前提推出未知判断，人们可根据以往的经验由整体推理至局部，反之也可由局部推知大致的整体，有利于从整体到细部系统地感知景观。联想是由前事物触发想起其他有关事物的心理过程。对景观的心理感知过程正是人与景观统一的过程。无论是夕阳、清泉、急雨、蝉鸣、竹影、花香，都会引起人的思绪变迁。在景观规划设计中，一方面要让人触景生情；另一方面还要使“情”升为“意”,由“景”升为“境”,即“境界”，成为感情上的升华，以满足人们得到高层次文化精神享受的需要。

6.3.3 景观规划设计原理

景观由一个个不同的景物组成，这些景物不是以独立的形式出现，而是由设计师把各景物按照一定的艺术规则，有机地组合起来创造出的和谐整体，这个过程称为景观布局。如何把山、水、植物、景观小品、道路等景观有机地结合起来，是景观设计师在设计中必须注意的问题，好的布局必须遵循一定的设计原理。

1. 统一与变化

统一与变化是布局的主要原则。统一意味着部分与部分、整体与部分之间的和谐关系；变化则表明其间的差异。统一应该是整体的统一，变化是统一前提下有秩序的变化。在景观设计中，统一和变化可以表现在景观形式、景观材料、线条、树木等各方面。

2. 对比与调和

在景观设计中要在对比中求调和，在调和中有对比，使景观丰富多彩。

（1）形象的对比

景物具有不同的形状，在布局中可以形成长宽、高低、大小的对比。以短衬长，以小衬大，给人们在视觉上形成对比。

（2）材料的对比

景观的材料丰富多样，多种材料的运用对比能产生特殊的景观效果。

（3）方向的对比

在景观设计中，常将不同方向进行对比，如垂直方向的树木与横向的曲桥、水面互相衬托，避免了只有树或者只有水的单调。

（4）空间的对比

在景观中利用空间的开敞和闭合形成敞景和聚景，增加空间的层次感和对比感，达到引人入胜的目的。

（5）虚实的对比

景观中的虚实主要是指山与水的对比、疏林与密林的对比、硬质景观和软质景观的对比，做到虚中有实、实中有虚。如苏州园林中的围墙，常做成通透的花窗形式，打破了实墙的沉重封闭感。

（6）色彩的对比

在景观中，只要色彩差异明显就可以产生对比的效果。如在常绿树前的白色雕塑，在色彩上形成绿色和白色的对比，可使雕塑主题更加突出。白墙前种植红枫一株，可形成白色和红色的对比，使白墙感觉更白，枫叶更红。

3. 比例与尺度

（1）比例

比例有两个度向，一是人与空间的比例；二是景物与空间的比例。在一个庭院空间中设置的景石，应该照顾到人对景石的视觉，把握距离、空间与景石的体量比值。

（2）尺度

尺度是景物的整体或局部大小与人体高矮、人体活动空间大小的度量关系，也是人们常见的某些特定标准之间的大小关系。如学校教学楼前的广场或开阔空地，尺度不宜太大，也不宜过于局促。如尺度太大，学生或教师在使用或停留时会感到空旷；如尺度过于局促会使人们感到过于拥挤，失去一定的私密性。以人的活动为目的，确定尺度和比例才能让人感到舒适、亲切。

4. 节奏与韵律

在景观处理的节奏上包括：铺地中材料有规律的变化，灯具、树木相同间隔的排列，花坛座椅的均匀分布等。而韵律是节奏的进一步深化。如临水栏杆被设计成波浪式，起伏很有韵律；整个台地都用弧线来装饰，不同弧线产生向心的韵律。

5. 比拟与联想

（1）模拟自然山水

西汉时期茂陵富民袁广汉，他建于洛阳北邙山下的私家园林范围很大，竭力模仿自然界的山形、水势、草木和动物。东汉的孙寿在洛阳城内造的私园是“采土筑山，十里九阪，以象山崤；深林绝涧，有若自然；奇禽驯兽，飞走其间……又多柘林苑……”。他们开创了模拟自然山水的先河。

日本“枯山水”是典型模拟自然山水的代表。一般面积不大，或布置于墙角，或布置于屋檐下，或布置于两屋之间。以白砂铺地，其上点缀石头，石头上或有草或无。白砂象征海水，石头象征岛屿，草象征植被，咫尺之地变换出千顷万壑的气势。

（2）利用植物的特性、姿态、形象、色彩等赋予人性化

在中国传统文化中，植物是人们寄予丰富文化信息的载体。我国最早的诗歌总集《诗经》，就善于运用比兴手法“托物言志”。中国古典园林中广泛借用植物的自然生态特性赋予人格意义，借以表达人的思想、品格和意志。中国园林中，使用频率较多的有松、竹、梅花、荷花、海棠等。

松柏苍劲挺拔，有抗旱耐寒、常绿、寿命长等生物特性，常被人们作为坚强不屈的象征。传说，晋荥阳郡南石屋中，隐居着一对夫妇，屋后种植一棵松树，高千丈，这对夫妇年岁数百，死后化为双鹤，绕松而翔，故有“松鹤延年”之说。松柏仙鹤常作为“寿”的象征出现在铺地的图案中。

荷花，“出淤泥而不染，花中之君子也”，成为美丽、纯洁、坚贞的代表。中国早在周朝的青铜器和陶器上，就有荷花的装饰图样，也是各种建筑装饰、雕塑工艺及生活器皿上最常用的图案造型。宋代的理学家周敦颐对荷花作了细致传神的描绘，他所著的《爱莲说》中云“予独爱莲之出淤泥而不染，濯清涟而不妖，中

通外直，不蔓不枝，香远益清，亭亭净植，可远观而不可亵玩焉”，赞美了莲花的清香、亭亭玉立、飘逸、脱俗，比喻人性的善良、清净和不染。苏州园林中的“远香堂”、“藕香榭”、“荷风四面亭”等都是以荷花为主题的园林景点。

海棠，种植于庭院前、路边和池畔。园林景观除了观赏海棠花外，海棠花图案也到处可见，门洞、铺地、门窗等常见有海棠图案。拙政园的“海棠春坞”，就是以海棠作为主景的景点，虽然庭院中只有两株海棠，但由于铺地以海棠花为铺地图案，人驻足于此，犹如置身在海棠花丛中一般。

（3）利用文学如匾额、楹联、诗文等揭示园、景的立意

如北宋文人欧阳修，苏州沧浪亭中的很多品题出自他的诗文。沧浪亭石柱楹联写了苏舜钦买园故事以及和欧阳修的友谊，出自欧阳修的《沧浪亭》长诗和苏舜钦《过苏州》诗。联语将北宋两位文学家和志同道合的朋友联系在一起。当年苏舜钦以四万青钱买下废园并筑沧浪亭后，邀请好友欧阳修作《沧浪亭》长诗，诗中有“子美寄我沧浪吟，邀我作沧浪篇……清风明月本无价，可惜只卖四万钱”诗句，反映了两位诗人的深厚友谊。联语既描写了沧浪亭的自然美景，又道出了苏舜钦的买园故事。杭州灵隐寺的匾额题“灵鹫飞来”，意指灵鹫山结集的佛教盛事，当年印度僧人来杭创建灵隐寺，寺庙就恰恰坐落在飞来峰前，该匾额言简意赅，形象生动。一般品题绝大多数采自中国古典诗文中脍炙人口的名言佳句，借助古代诗文中的优美意境深化景观文化内涵，加大美学容量，引发人们的艺术情思。

6. 质感与肌理

质感与肌理主要体现在植被和铺地方面。花岗石的坚硬和粗糙、大理石的纹理和细腻、草坪的柔软、树木的挺拔、水体的轻盈等，这些不同材料的运用，富有条理的变化，使景观富有更深的内涵和趣味。

6.4 景观规划设计基本手法

6.4.1 赏景

1. 动赏与静赏

（1）动赏

景观规划设计应该安排一定的风景路线，每一条风景路线的风景安排应达到步移景异的效果，形成循序渐进的连续观赏过程。

（2）静赏

静赏是对某些情节特别感兴趣，需要进行仔细地观赏。为了满足这种观赏要求，可以在分景中穿插配置一些能激发人们进行细致鉴赏，具有特殊风格的近景、特写景等，如某些特殊风格的植物、碑、亭、假山、窗景等（图6-39、图6-40）。

2. 观赏点与观赏视距

（1）观赏点

游人观赏所在位置称为观赏点或视点。一般在观赏点可设置供人休息的座椅、亭、廊架等景观小品，让人在观赏的同时又能休息。

（2）观赏视距

观赏点与景物之间的距离，称为观赏视距。观赏视距适当与否对观赏艺术效果关系很大。一般大型景物，合适视距约为景物高度的3.3倍，小型景物约为3倍左右。合适视距约为景物宽度的1.2倍。如果景物高度大于宽度时，依垂直视距来考虑；如果景物宽度大于高度时，依据宽度、高度进行综合考虑。一般平视静观的情况下，以水平视角不超过45°，垂直视角不超过30°为原则。

3. 平视、俯视、仰视

（1）平视即中视线与地平线平行，游人在观赏时不需仰头或低头，可以舒展地平望出去，使人有平静、深远的感觉，如西湖风景区。

（2）仰视景物具有一定高度，观赏者视线上仰，不与地平线平行，景物的高度感染力强，易形成雄伟庄严的气魄。

（3）游人俯视所在位置较高，景物在视线下方，观赏者低头观看，形成俯视景观。如在山顶布置亭、台等景观小品，作为观赏点，使游人可登高临下观赏风景，创造俯视景观。

在景观设计中，应多利用自然地形的起伏变化，因地制宜地创造平视、仰视和俯视景观（图6-41、图6-42）。

图6-39　精致的花窗

图6-40　别致的门洞设计

图6-41　略带俯视的景观效果

图6-42　仰视的景观效果

6.4.2 造景

1. 主景与配景

主景位于景观空间构图的中心，是视线的焦点。配景有前景和背景之分，处在主景前的景为前景，处在主景后的景为后景。配景主要起丰富主景、烘托主景的作用。在景观中创造主景的常用方法有主景升高，在轴线端点或者轴线、风景视线的交点处安排主景，主景设置在空间构图的中心位置等（图6-43、图6-44）。

2. 对景、障景、隔景

对景是指在特定的视点，从一个空间眺望另一个空间的特定景色。对景可分为正对和互对。正对主要用于规则式景观，如在道路、广场的轴线上、公园入口处设置雕塑、亭等景观小品，使人在游玩时或者在固定观赏点欣赏该景物，使景物更加突出（图6-45）。互对是指在风景视线的两端设置景物，使景点互相对望。如网师园中的“月到风来亭”、“濯缨水阁”、“竹外一支轩”三者互为对景；拙政园中的“梧竹幽居”亭位于中部的水池东端，与池西端“别有洞天”亭互为对景。

障景是指抑制视线，引导空间转变方向的屏障景物。障景主要是为了遮挡不良景物，防止不美景物进入游人的视线。景墙、植物、假山、雕塑等都可以作为障景。

隔景主要是将景观分隔成不同的空间，增加景观空间的层次变化。道路、云墙、绿墙、景墙、溪涧、桥、堤、岛都可作为隔景（图6-46）。

图6-43 后景烘托出前景的艳丽

图6-44 主景和配景的完美结合

图6-45 高耸的塔更加突出对景的效果

图6-46 湍流的小溪达到隔景效果

3. 框景、漏景、添景

用门框、窗框等摄取另一空间的景物，如同镜框中的一幅图画。在苏州园林中，框景运用较多。在现代园林中常用景墙和植物结合创造框景艺术效果（图6-47、图6-48）。

漏景主要是通过花窗、疏林等取景，苏州园林中花窗应用较多，是漏景的典型佳例（图6-49）。

添景是指为丰富主景的层次感，在主景的前面或者后面增加景物，作为前景或者背景。添景可以是景观小品、植物，如在水面上添加汀步、桥、植物等，增加水面的层次感（图6-50）。

图6-47 框景使景观增加深远的感觉

4. 借景

借景是指把能增添艺术效果、丰富空间构图的外界因素，引入到园内空间，使景观空间更具变化。在景观规划设计中，不管景观空间内还是景观空间外，只要是在视线范围内的景观要素都可以引用到观赏视线中。

图6-48　框景使建筑更具画面感

图6-49　花窗的漏景效果

图6-50　水中汀步丰富了景观的层次感

图6-51　拙政园“见山楼”

如拙政园的“见山楼”，是一栋两层建筑，比较有特色的是此楼的楼梯不在楼内，而是借了假山的地势，上楼即是登山（图6-51）。另外，拙政园中水池西岛上的“荷风四面亭”四周池水环绕，夏季在其中休憩，荷风徐来，清香满溢，此景借用了荷花的香气。北京颐和园的“湖山真意”远借西山为背景，近借玉泉山，在夕阳西下、落霞满天的时候赏景，景象曼妙（图6-52）。这些都是借景的最好实例。

图6-52　北京颐和园“湖山真意”

第 7 章

景观规划设计新材料、新技术、新能源及运用

现代社会以计算机、通信技术为核心的技术发展，对社会各个领域产生极大影响，对现代景观规划设计的发展有明显的促进作用。其中，新材料、新技术、新能源在景观规划设计中的运用，给景观规划设计带来了全新的改变。

现代社会给予当代设计师的材料与技术手段比以往任何时期都要多，现代设计师可以较自由地应用光影、色彩、声音、质感等形式要素，与地形、水体、植物、建筑（构）筑物等形体要素创造环境。

7.1 新材料及运用

景观建造需要材料为物质基础，设计理念需通过客观载体材料表达。随着科技水平的发展和生产力的进步，科技材料的地域性限制和技术条件的制约作用逐渐减弱，现代材料的运用表现出一番新面貌。景观材料与设计关系密切，在景观规划设计中，设计师通过不同材料的运用，不断优化其设计理念，并通过景观材料得到表达。

材料技术的发展在景观艺术设计中可以追溯到 19 世纪中期伦敦水晶宫（Crystal Place）、巴黎的埃菲尔铁塔（Eiffel Tower）、伦敦的棕榈房（Palm House）等。伴随高技派的出现，对工业材料的青睐以及其特殊的审美观，新材料的表现成为其灵感来源，新材料的使用给景观规划设计的多元化提供了可能性，反过来也对材料的性能、功能和制作技术、加工工业提出了新要求。塑料、合成纤维、有机玻璃、再生材料、橡胶等为景观规划设计开辟了新的表现形式，景观规划设计的材料语言空前丰富。新材料通过它自身表面、形状、色彩和质地等的表达，在人们的感觉中唤起某种特定的感觉和情绪，带来不可取代的表现力，体现现代景观具备的质感、色彩、透明度、光影等特征。

7.1.1 金属材料

具有现代工业色彩的金属的运用使植栽自然植物的庭院很有现代感。如庭院设计大师——大卫·史蒂文斯设计的金字塔形雕塑，将不锈钢、水和郁金香有机地结合在一起（图 7-1）。水流过金字塔的表面，与纤细的花朵形成鲜明的对比，并给不锈钢的硬边界高强度的反光表面赋予生机与动感。设计师们尤其喜爱选用反光度、色彩感都很强的高技派材料代替砖、石、木材等传统材料，与自然植物形成鲜明的对比。这不但没有破坏庭院，反而是对自然植物的一个有机补充。

在建构中运用的新材料多直接作为形象展

图7-1 大卫·史蒂文斯设计的金字塔形雕塑

图片来源：邢佳林.现代景观高技术发展趋势初探[D].南京：东南大学，2004

图7-2 让·廷格利（Jean Tinguely）《我找到办法了》（I found the way）

示给游人（图7-2），所以建构类新材料对于视觉上的要求更高。其中具有代表性的材料就是钛金属的运用。钛是纯金属，抗腐蚀能力强，能够在酸雨、温泉等条件极为苛刻的环境下使用，可利用光来对其着色，形成鲜艳的彩虹色。但是其价格昂贵，再循环成本低，不适于大面积的运用。从此，金属材料的运用在景观规划设计中开始了新的阶段。在这一时代背景下，映射着明亮天光的锃亮不锈钢表面与植物的对比，赋予材料肌理更为复杂的多义性。

7.1.2 塑料材料

塑料材料可分为热可塑性树脂以及热硬化性树脂。热可塑性材料遇热熔化、冷却后会能够恢复到原来的硬度，因为其质地易加工成型，所以大多用于批量生产。热硬化性树脂材料经过一次加热硬化之后，即使再加热也不会软化，因此具有很好的耐热性、耐腐蚀性。运用在表皮材料的塑料新材料主要有FRP、丙烯以及耐热、耐电、耐冲击的合成树脂。FRP是将玻璃纤维与不饱和聚酯相结合强化而成的物质，在常温下可硬化，在城市景观中可作为拟石、拟木材质使用。丙烯材料具有其他塑料材料所没有的透明性、表面光亮、光学特性以及坚硬耐候等优点，而且对人体无害，所以经常被用来作为景观建（构）物的表皮来运用，但是丙烯材料抗冲击力比较弱，要结合耐冲击的合成树脂一起运用。

位于常举办国际园艺节的卢瓦尔河畔肖蒙尔（Chaumont-sur-Loire）的公园内，利莲·莫尔塔（Lilian-Molta）与让·克里斯托夫·丹尼尔（Jean-Christophe Daniel）利用新材料，创造出一个新的视觉形象。在多穗假虎杖（*Polygonum-Polystachyum*）与蓼科植物丛中，密簇簇地插着个个竹节似的彩色透明圆柱，夜晚在灯光照射下，洋溢着现代的艺术气息（图7-3）。那些用作灌溉的彩色塑料瓶，瓶底朝上叠摞而成，当水从透明水柱涌出落在地面时，喧哗的溅水与静谧的大地形成动静对比，与艳丽的红花穗相映，这种瞬息迸发的艺术灵感创造的景象，给植物灌溉带来一份童真般的乐趣。

施瓦兹（Matha Schwatz）在怀特黑德学院拼合园（Whitehead Institute Splice Garden）中富有想象力地运用聚酯材料、塑料植物和彩色沙砾构成了一个超现实主义的屋顶花园。由于地板的承重力有限，无法在上面填上足够的土来种植植物，而且楼顶没有供水系统，预算的维护费用也低得可怜，施瓦兹决定引入象征

图7-3　蓼科植物丛中，密簇簇地插着竹节似的彩色透明圆柱

来源：[英]保罗·库珀.新技术庭园[M].贵阳：贵州科技出版社，2002

图7-4　施瓦兹的怀特黑德学院拼合园

来源：伊丽莎白·K·梅尔.玛莎·施瓦兹——超越平凡[M].王晓俊，钱筠译.南京：东南大学出版社，2003

图 7-5　达拉斯喷泉广场（Fountain Plaza，Dalas）

来源：夏建统.点起结构主义的明灯[M].北京：中国建筑工业出版社，2001

符号来构筑这个花园，于是这里的植物都是塑料的，“修剪绿篱”是用卷钢制成的，外面覆盖着人造草皮（Astroturf），既可供人欣赏，又可供人坐憩（图 7-4）。

科技的发展、新材料与技术的应用，使现代园林设计师具备了超越传统材料限制的条件，通过选用新颖的建筑或装饰材料，达到只有现代景观才能具备的质感、色彩、透明度、光影等特征，或达到传统材料无法达到的规模，这在一些具有创新或前卫精神的设计师身上反映突出。如丹·厄本·克雷设计的得克萨斯州的达拉斯喷泉广场，将 17 世纪法国庭院的形式和现代建筑的细节融为一体（图 7-5）。

7.1.3　玻璃材料

美籍越南设计师安迪·曹做的一个玻璃庭院中，圆锥状的白色玻璃像盐堆一样从宁静的

图7–6 安迪·曹的玻璃庭院
（Glass Garden， Andy Chao）
来源：[英]保罗·库珀.新技术庭园[M].贵阳：贵州科技出版社，2002

水池中冒出来，树根上铺着精致混合的彩色玻璃碎片，使人想起法国点彩派的油画，庭院里到处是玻璃，把垂直表面和地平面统一起来（图7–6）。它既可以作为供人行走的硬质铺地，又可以作为令人满意的地面覆盖物，可以在地面铺上任何你喜欢的颜色。用玻璃碎片建造庭院也许有点不可思议甚至带来危险，而这里的玻璃碎片都是将玻璃碾碎并进行打磨，将利刃磨去，玻璃碎片像霜晶，可以安全地握在手中。在这里新材料与自然环境进行对话，使庭院具有一种非正统雕塑的气息。

7.1.4 合成纤维材料

令人感觉新奇的合成纤维、橡胶等软质材料也越来越多地出现在现代景观设计中，富于有机物的生命感和动态感，给人们带来新鲜的感受。两位富有想象力的学艺术的法国学生用木桩和合成纤维帆布构建了一个雕塑形的超现实主义景观：一株新西兰亚麻和仙人掌类植物从起伏的红色帐篷中冒出来，一条黄色木板通道环绕庭院一周（图7–7）。

图7–7 木桩和合成纤维帆布构成的景观
来源：http：//image.baidu.com/

7.1.5 新型混凝土材料

混凝土材料价格低廉，施工工艺简单易行且可塑性强，因而大规模地运用在城市景观中。新型混凝土材料是在原有混凝土材料配比的基础上加入了其他材料或者对配比进行调整，使之能够满足设计的需要。

2010年上海世界博览会意大利馆的外墙，就是使用与玻璃纤维混合的混凝土材料（图7–8）。传统的混凝土材料不具有透光性，意大利馆的混凝土墙壁经过特殊的技术处理，在混凝土材料中掺入玻璃颗粒，使混凝土具有玻璃的通透特性，从而产生意想不到的视觉效果。另外，具有代表性的还有多孔混凝土，多孔混凝土的内部有连续的空隙，使水和空气能够自由地在其中流通。而且这种混凝土具有雨水渗透、贮存、净化、吸声的功能，还可以在缝隙中填入土壤、种植植物成为绿色混凝土。

图7-8　2010年上海世界博览会意大利馆

来源：http：//image.baidu.com/

图7-9　不同类型的生态漂浮岛

来源：http：//image.baidu.com/

图7–10 太阳能景观灯与太阳能光电雕塑
来源：http://image.baidu.com/

7.1.6 生物材料

生物材料是流动界面构成的基础，流动的城市景观界面在当今城市景观中仍处于实验与探索的阶段，新材料运用以实验性为主，其中具有代表性的是作为生态浮岛的生物新材料。生物港野生漂浮岛是一个飘浮的栖息地，它通过组合多种经过特别挑选的植物和大面积的培养基，以及一个专门的微生物和通风系统来有效地维护水道健康（图 7–9）。植物的营养基层是经过生物技术处理的海洋泡沫聚合到一起的聚合物基质，能够有效使水不断循环，滋养植物的生长。而植物的生长给鱼类以及蛙类提供了食物，鱼类与蛙类的排泄物又为植物的生长提供了养料，这就在浮岛周围形成了小的生态链，在净化空气美化环境的同时促进了城市的生态维护。

7.1.7 太阳能设施材料

太阳能设施的材料是在最近几年才作为景观建（构）物的表皮开始运用的，太阳能面板不仅具有良好的视觉效果，而且能够为城市景观提供能源支持，节约资源，符合当代低碳环保的社会要求（图 7–10）。

7.1.8 光纤材料

所谓光纤，就是一种传导光的纤维材料，这种材料重量轻、寿命长、抗扰性好、不怕水、耐腐蚀，同时具有原料供应丰富，生产能耗低，经光纤传出的光基本无紫外和红外辐射的特点。与传统照明相比，光纤照明光源远离照明地点，照明设施安装检修方便，安全可靠，照明效果好。光纤照明被广泛应用在景观照明中。

由于光纤具有亲水的特性，再加上它的光电分离，所以在水景的照明方面，可以轻易地营造出设计师想要的效果。而另一方面它也没有电击的问题，光纤照明是水景设计中的水下和水岸灯光设计绝对安全的绿色照明。例如沃克（Peter Walker）在伯内特公园（Burnett Park）的喷泉中，施瓦兹在瑞欧购物中心庭院的黑色水池池底分格条均采用光纤代替灯光效果（图 7–11）。

图7-11　沃克的伯内特公园
来源：中国风景园林网

除了金属、塑料、玻璃、合成纤维、生物、太阳能设施和光纤材料以外，还有陶瓷、新型木材等诸多新材料，同时，非常规材料的使用也更加丰富了景观材料的应用范畴。随着工业化生产加快，各种废弃建材（如建造材料、碎砖等）、消费用品（如废渣、原材料等），也成为可持续景观规划设计中的“新”元素。

我国著名土木工程学专家李国豪说，在历史上，“每当出现新的优良建筑材料时，土木工程就有飞跃式的发展”。土木工程的三次飞跃发展是同三种材料相联系的：砖瓦的出现，钢材的大量应用，混凝土的兴起。新材料的引入，不仅仅给景观设计师带来了前所未有的广阔的设计空间，甚至将会带来景观设计的新的发展方向。

新材料的应用是后现代主义时期景观具有多重审美的重要组成部分，新材料的开发满足了美学及工艺的需求，为创作主体提供创新的条件，促进了新形式、新风格景观作品的出现。材料技术的更新和发展直接影响到景观规划设计发展的趋势。

7.2　新技术及运用

包豪斯倡导“技术与艺术的重新统一”，强调好的设计产品一端是技术，反映产品的结构与功能的纯粹物质性；另一端是艺术，反映人类精神的审美享受。标志着现代主义兴起的包豪斯，就是源自于艺术与技术结合的需求。

7.2.1　高新技术

1. 建造技术

现代建造技术的快速发展使许多景观建筑

和景观小品越来越呈现高技派的特点，精细的节点构造和细部，先进的施工技术，给设计师的表现力带来更多的自由与便捷。联系到建造技术时，更多的变化与进步主要体现在人工构筑物的建造上。受建筑设计理论的影响，很多景观设计作品也表现出高技派的特点，景观建筑、小品越来越多地呈现工业设计的表现手法。

矶崎新设计的水户艺术瞭望塔，高达100m，瞭望塔为三重螺旋形与三角锥堆积而成，施工时采用大型涡轮式起重机。其结构由正三角形按一定规则拼装成的立体桁架。立体桁架（正三角锥）在地面组装，在顶部装有铸钢块，其下部与三根钢管连接。将地面组装好的三角锥通过410t的大型滑轮式起重机提升，依次进行施工。外装饰板的安装是预先在地上组装成边长约9.6m的三角形骨架，然后在其上安装厚3.2cm的钛台金板。立体桁架采用一个互相垂直的圆管进行连接。将其三根杆件的端点焊好后吊装就位，拼装时再将此三根杆件在现场焊接在一起（图7-12）。

目前在许多大型构筑物中比较常用的一种施工方法是顶升的方法，例如爱知县一宫市的138m双拱瞭望塔，塔由2根硬曲线拱组成，塔身为钢板箱形结构。该设施的安装、焊接、涂饰等作业均在地面附近进行，高空作业少，不仅安全，也易于清洁作业环境，易于质量管理、工程管理。

2. 植物栽培技术

植物是非常重要的风景园林构成要素之一，先进的植物栽培技术同样会给景观设计师带来

图7-12 矶崎新设计的水户艺术瞭望塔
来源：http：//image.baidu.com/

新的灵感和创造能力。目前的植物栽培技术除了使栽培植物的品种和种类更加丰富以外，更加强调从生态的角度出发，采用群落栽培的概念，将多种植物作为一个整体来考虑，发挥群体的集合效益。同时利用不同植物之间的相互影响，产生更强的抵抗力、更高的生产力和更好的经济效益。例如 1994 年 WEST8 荷兰景观规划设计集团（下文简称 WEST8）① 被委托策划的一个机场绿化方案中，他们和当地的林业机构合作进行了生态方面的研究，确定桦树最适合在这里生长。于是 WEST8 决定在每个植树季节里都在这里种植 125000 株桦树，持续 8 年。植物逐渐成了森林，占据了所有的空地和废弃地，延伸了大约 2000hm^2。在树下面还种了红花草，红花草可以固氮，作为有机肥料供给树的生长需要，同时还安装了一些蜂箱，蜜蜂能够传播红花草的种子。在这里，WEST8 建立了一个小生态圈，桦树形成一个绿色的质地，成为基础设施、候机楼、车库和货仓之间的绿色面纱，并在建筑的入口处放置花钵，种植色彩鲜艳的时令花卉。这个项目体现的是一种设计观念：景观不是短期建设就能完成的，应该运用生态的技术，将景观的营造视为一个长期的过程。

无土栽培技术，让植物的栽植与培育不受场地的限制，有的设计师利用这一技术制作了"移动庭院"（图 7-13）。这座可移动的蔬菜庭院是由一个工作组为 1999 年在法国卢瓦尔河畔的肖蒙举办的国际庭园节而设计建造的，设计成员中包括一位建筑师和一位工业发展顾问。这个可移动的蔬菜花园采取的是一种盆栽思想，而且应用了园艺技术。可移动庭院中种植的主要是可食用的作物，许多蔬菜可作为装饰品的同时，也是食物，经济实惠，并且易于维护，其中一些药用植物还可散发迷人香味。整个庭园采用的是地上（above-the-ground）栽培技术，植物支撑架、喷雾器、循环水和防御恶劣天气的屏障都是专门设计的，还有固定的供水系统。水储存在中央地板下的油布中，必要时和养料一起供给。先将水抽上来，然后回灌到循环系统中。由于采用了无土栽培的新技术，只要空间允许，庭院就可以随时组建起来。由于作物生长在离地面很高的空中，可以免受腹足类地面害虫的危害，也不存在土壤疾病。

图7-13 无土栽培
来源：http：//image.baidu.com/

3. 照明技术

景观照明是渲染气氛、美化城市的一种方式。随着科学技术的进步和发展以及高新照明技术的出现，城市景观照明的技术和艺术的要求也越来越高。景观照明已从过去高照度要求

① WEST8 景观规划设计公司：设计风格是当今新锐时尚的设计风格之一，公司设计智囊团由美国景观学会会员和欧美著名大学教授组成，核心力量由 JunLi、JieJIEZ 等一批马萨诸塞理工大学、加利福尼亚大学、亚特兰大科技大学、佐治亚大学师生组成。

逐步向注重景观照明质量、艺术性、视觉的舒适性方面转化。随着人民生活水平的日益提高和城市经济、文化的飞速发展，城市景观照明发展迅速，夜晚的城市，万紫千红、灯火通明，烘托出城市热闹繁华的气氛。

例如由WEST8设计的舒乌伯格广场（Schouwburgplein），位于港口城市鹿特丹中心，广场力图展示港口城市充满活力、对外开放的特质，广场的灯光设计充分地表达了这一点（图7-14）。由于广场下面是两层的停车库，这意味着广场上不能种树。WEST8将广场的地面抬高，保持广场是一个平展、空旷的空间，这不仅提供了一个欣赏城市天际线的地方，而且创造了一个城市舞台的形象。广场地面使用的是一些超轻型的面层，以降低车库顶的荷载。这些材料有木材、橡胶、金属和环氧基树脂等，分不同的区域，以不同的图案镶嵌在广场表面。各种材料直接展现在那里，不同的质感传递出丰富的环境气氛。广场的中心是一个穿孔金属板与木板铺装的活动区。夜晚，白色、绿色的荧光从金属板下射出，形成广场上神秘、多变的光的海洋。地下停车场的3个通风塔伸出地面15m高，通风管外面是钢结构的框架，3个塔上各有时、分、秒的显示，形成一个数字时钟。广场上4个红色35m高的水压式灯每2小时改变一次形状。市民也可以投币，操纵灯的悬臂。这些灯，既是广场的主要观赏景观，又烘托着广场的海港气氛，使广场成为鹿特丹港口的标志。设计者期望广场的气氛是互动式的，伴随着温度的变化，白天和黑夜的轮回，或者夏季和冬季的交替，再通过人的幻想，场景的景观都在改变。

图7-14 舒乌伯格广场夜景
来源：http://image.baidu.com/

灯光设计的表现力离不开照明技术的革新，光纤的利用可以取代传统的灯泡，达到照明的效果。利用高分子材料技术研制而成的光纤有安全、低成本、不发热、省电、可自由弯曲等优点。塑芯光纤材料是目前使用较多的光线材料，可用于装饰照明、建筑装饰、博物馆照明、室内外装饰、工农业采光、医疗设备照明等广泛的领域。

塑芯光纤由于芯材和表层材料的折射率不同，在两种材料的界面上可以有效地形成光全反射，类似镜子一样将光线依次全反射致终端。形象地说，光纤就像普通的水管，把光线像水一样从源头导引致出水口。

4. 水景技术

水景自古以来在园林设计中都占有重要的地位，到了现代，在高技术的支持下，水景更是将设计师的想法发挥到极致。由埃里克森（Arthur Erickson）设计的罗布森广场（Robson Square），水池、瀑布水景与省政府办公大楼融为一体（图7-15）。巨大的水池位于楼顶，犹如“天池”，水从屋顶倾泻而下，形成巨大的瀑

图7-15　罗布森广场（Robson Square）
来源：http：//image.baidu.com/

布。水景与屋顶公园就像现代悬空园，宏伟、壮观，展现了人工的力量。约翰逊的休斯敦落水，为 18m 高的大水墙，每秒有 700L 水量，可以在城市中感受到巨瀑飞流直下的轰鸣。这是在现代技术支撑下达到的夸张尺度。除了体量外，水景设计在手法上也异常丰富，形成了将形与色、动与静、秩序与自由、限定与引导等水的特性和作用发挥得淋漓尽致的整体水环境设计，这既改善城市小气候，丰富了城市环境，又可供观赏，鼓励人们参与。例如哈尔普林事务所（Lawrence Halprin and Associates）设计的波特兰市凯勒喷泉广场（Keller Fountain Plaza）、洛夫乔伊广场（Lovejoy Plaza）和弗里德伯格（Paul Friedberg）的明尼阿波里斯皮尔里广场（Peary plaza）都是十分典型的例子。20 世纪 70 ~ 80 年代广为园林设计师喜用的另一种现代水景是旱喷泉。凯利喷泉水景园（Fountain Place）的中心旱喷泉由电脑调节造型，由风敏器控制高度。哈格里夫的圣荷塞广场公园（San Jose Plaza Park）旱喷泉形态也有多种变化，成为人们嬉水之处。

7.2.2　生态技术

由于工业时代带来的环境污染和资源等问题，促进了后现代主义时期景观创作主体对于自然的关注。在景观规划设计中更注重设计结合自然的协调生态过程，力争通过生态技术途径，将对环境的破坏影响减至最小。这样，在城市化迅速发展、人口急剧增加和环境问题日益严重的情况下，借助“3S”技术，通过生态技术的运用，实现人与自然的和谐相处。

总结景观规划设计由“仿生”自然向生态自然拓展的过程，美国宾夕法尼亚大学教授麦克哈格在其经典专著《设计结合自然》（Design With Nature）一书中，提出综合性的生态规划思想，从生态学的观点，提出适应自然的特征来创造人居环境的可能性与必要性。景观规划设计应遵循生态原则，遵循生命的规律，如反映生物的区域性；顺应基址的自然条件，合理利用土壤、植被和其他自然资源；依靠可再生能源，充分利用阳光、自然通风和降水；选用当地的材料，特别注重乡土植物的运用；注重材料的循环使用并利用废弃材料以减少对能源的消耗，减少维护的成本；注重生态系统的保护、生物多样性的保护与建立；发挥自然自身的能动性，建立发展良好循环的生态系统；体现自然元素和自然过程；减少人工痕迹等。

计算机技术发展使景观规划设计在设计理念和设计手法上发生变化，利用高科技手段对景观地段进行勘察和数据登录，借助众多学科知识和技术手段，使景观规划设计更加科学化，符合自然生态的要求。

2006年获得欧洲景观金奖，罗莎·巴尔巴（Rosa Barba）的作品矿坑—湿地公园（Le Lagunage de Harnes），通过对自然生态原理的利用，处理小城镇的污水排放问题，最终将污水转变为可供当地居民游泳休憩的干净水源并排入自然河道。在整个过程中利用植物自身的化学属性净化水源，形成朴素的湿地（图7-16～图7-21）。

图7-16　片区在城市中的位置

图7-17　公园周围的大片居住区

图7-18　湿地公园中由矿坑改造的水池和坝

图7-19　净化与美化功能兼具的风车

图7-20 一战时留存的碉堡，现成为鸟类和蝙蝠的家

来源：景观中国http：//www.landscape.cn/paper/cs/2011/14693530.html

图7-21 湿地公园兼具生态教育功能

所以，生态技术的运用，可以通过导向性，基于生态因子，基于生态系统，基于景观格局和生态过程的生态规划设计实现。其中，导向性的生态规划设计采取对原生态系统干扰最小的方法，促进自然系统的物质利用和能量循环，维护自然过程和原有的生态结构。基于生态因子的生态规划设计，在对基地生态因子和生态关系进行科学研究分析的基础上，减少对自然的破坏，保持基地现状良好的设计方法。如麦克哈格的“千层饼模型”，通过对基地因子的分析、叠加技术形成生态设计方法；基于生态系统的生态规划设计，根据生态系统原理，配置生态要素，形成特定的生态结构，发挥整体生态功能；基于景观格局和生态过程的生态规划设计，强调景观生态过程和景观格局的连续性和完整性，通过从整体到局部的模式，注重物质流、能量流和信息流的交换，进行结合生物、非生物和人类关系的结构和功能设计。如“3R”原则，即减量（Reduce）、再用（Reuse）、再生（Recycle）。

全球性的环境恶化与资源短缺使人类认识到对大自然掠夺式的开发与滥用所造成的后果。应运而生的生态与可持续发展思想给社会、经济及文化带来了新的发展思路，越来越多的环境规划设计行业正不断地吸纳环境生态观念。以土地规划、设计与管理为目的的景观行业同样如此。早在1969年美国宾夕法尼亚大学园林学教授麦克哈格出版的、引起整个环境设计界瞩目的经典之作《设计结合自然》（Design with Nature），提出了综合性生态规划思想。这种将多学科知识应用于解决规划实践问题的生态决定论方法对西方景观产生了深远的影响，诸如保护表土层，不在容易造成土壤侵蚀的陡坡地段建设，保护有生态意义的湿地与水系，按当地群落进行种植设计，多用乡土树种等一些基本的生态观点与知识，现已广为普通设计师所理解、掌握并运用。

1. 土壤改良技术

在许多工业弃置地的景观设计中，土壤改良技术成为改善环境质量、完成设计师想法的关键。例如1970年景观设计师哈格（Richinld Haag）受委托，在美国西雅图煤气厂8hm^2的

图7-22 哈格设计的美国西雅图煤气厂公园
来源：定鼎网http：//www.ddove.com/picview.aspx?id=154980

旧址上建设新的公园（图 7-22）。顺理成章的做法是将原有的工厂设备全部拆除，把受污染的泥土挖出，并运入干净的土壤，种上树林、草地，建成如画的自然式公园，但这花费巨大。哈格却决定尊重基地现有的东西，而不是把它从记忆中彻底抹去。工业设备经过有选择的删减，剩下的被设计为巨大的雕塑和工业考古的遗迹。东部一些机器被刷上了红、黄、蓝、紫等鲜艳的颜色，有的覆盖在简单的坡屋顶之下，成为游戏室内的器械。这些工业设施和厂房被改建成餐饮、休息、儿童游戏等公园设施，原先被大多数人认为是丑陋的工厂保持了其历史、美学和实用价值。工业废弃物作为公园的一部分被利用，有效地减少建造成本，实现了资源的再利用。

对被污染的土壤处理是整个设计的关键所在，表层污染严重的土壤虽被清除，但深层的石油精和二甲苯的污染却很难除去。哈格建议通过分析土壤中的污染物，引进能消化石油的酵素和其他有机物质，通过生物和化学的作用逐渐清除污染。于是土壤中添加了下水道中沉淀的淤泥，草坪修剪下来的草末和其他可以作肥料的废物，它们最重要的作用是促进泥土里的细菌去消化半个多世纪积累的化学污染物。

工业污染物进入土壤系统后，常因土壤的自净作用而使污染物在数量和形态上发生变化，使毒性降低甚至消除。但是，对相当一部分种类的污染物如重金属、固体废弃物等的毒性，很难被土壤自净能力所消除，因而在土壤中不断地被积累后造成土壤污染。目前，治理土壤里金属污染的途径主要有两种，一种途径是改变重金属在土壤中的存在形态，使其固定下来，以此来降低它在环境中的迁移性和生物可利用性；另一种途径是把土壤中的重金属通过各种方式去除掉。具体的土壤改造方式包括：

（1）微生物法：利用细菌产生的一些酶类可以将某些重金属还原，利用菌肥或微生物活化药剂可以改善土壤和作物的生长营养条件，它能迅速熟化土壤，固定空气中的氮素，参与养分的转化，促进作物对养分的吸收，分泌激素刺激作物根系发育，抑制有害微生物的活动等。

（2）植物法：利用可以大量吸收重金属元素并保存在体内，同时仍能正常生长的植物去除重金属，利用绿肥改良复垦土壤，增加土壤有机质和氮、磷、钾等多种营养成分的最有效方法之一。

（3）施肥法：通过使用腐殖酸类肥料和其他有机肥料增加土壤中腐殖质含量，使土壤对重金属的吸持能力增加，改良土壤结构和物理性能，提高土壤肥力。

（4）添加剂法：土壤中加入适当的土壤改良剂能在一定程度上消除重金属。

2. 水循环处理技术

水质污染也是工业污染造成的严重后果之一。水体的治理是建设和运作水体设施的关键，它受水体本身的物理性质、化学生物因素及周围环境的共同影响。柏林波茨坦地区的水系统改造是一个利用水循环处理技术，将区域的水质进行综合治理，并且将景观水与城市市政用水相结合来考虑的城市景观设计。赫伯特·德来塞特尔擅长以水为主题，用生态的方法来解决城市环境所面临的问题。

雨水、下水道水、地下水被收集起来，净化过后用来浇灌绿色植物和冲刷卫生间，公共建筑前的水池实际上是巨大的蓄水池，收集各类水，使其可以再利用，并且缓解城市排水的压力。一部分水流过种有植物的生活小区，既可以过滤水体，稳定水质，也给城市创造了富有自然气息的城市环境。为了保证整个系统的稳定持久，系统一定要有足够的缓冲能力，这要靠拥有总数量 2600m^3 水量的 5 个地下蓄水池来保证，其中 900m^3 用于急需。除此之外，主要水区还能在正常的和最高的水位之间储存 15cm 的水，以保证可以拥有 1300m^3 的缓冲用水。城市污水是城市稳定的淡水资源，污水的再生利用减少了城市对自然水的需求量，减少了水环境的污染负荷，同时为城市创造了良好的水景环境，是恢复良好水环境，保持水资源可持续利用的非常重要的措施。

一些生态的水质处理的技术，对设计来说是非常重要的。由于一些营养物质和细菌随着雨水一起流入水中，会产生藻类和其他生物覆盖在水的表面。控制水质富营养化是很重要的，主要方法是减少营养输入，这一步的具体方法包括：分流点源污染，对点源污染过滤，用工程的方法移走营养物质等。第二步是清除水体中已有的污染，具体方法包括：采用沉淀剂净化水体，用活性炭吸附污染物质，用微生物降解水中有机质（含藻类）等。微污染水源水中主要含有微量的有机物、农药、重金属离子、氨氯、亚硝酸盐氮及放射性物质等有害污染物，对这些污染物的去除，除了要保留或改进传统的处理工艺外，还要附加生化或特种物化处理工序。一般采用附加在传统净化工艺之前的预处理方法；或附加在传统净化工艺之后的深度处理。预处理一般分为物理化学预处理和生物预处理。生物预处理一般是通过人工构建湿地的方法来净化水质，在一定长宽比及底面坡降的洼地中，按一定坡度填充一定规格的填料，如砾石等。在填料表层土壤中种植一些处理性能良好、成活率高、生长周期长、美观有经济价值的植物（如芦苇），构成湿地生态系统。在运行中污水缓慢流过生长植物的土壤表面，植物光合作用产生氧气，向土壤和水中传输，污染物通过土壤、水生植物、水生动物和微生物得到净化，具有较强的氮、磷处理能力。深度处理主要有活性炭吸附、臭氧氧化、臭氧—活性炭吸附、紫外—臭氧光氧化、生物活性炭滤池等技术。

7.2.3 信息技术

多元化时期的新技术发展，最明显的特征是技术与科学间的联系非常紧密。其中，信息技术对景观规划设计具有特殊的作用和地位，其渗透到社会生产和生活的各个领域，使时代需求发生根本性的变化，影响着景观规划设计的价值取向，产生一系列设计思想和设计手法。

在景观规划设计领域，高科技的应用与现代规划设计理论相辅相成，尤其是现代景观规划中的区域规划，已成为景观高科技应用的前沿。麦克哈格的《设计结合自然》（Design with Nature）一书中，提出将传统的风景园林概念上升到现代区域规划的观念。而景观区域规划规划范围内大都是自然要素，面积动辄数百上千平方公里，正确的基础信息资料采集与分析对景观规划设计非常重要。于是越来越多的设计师借助信息时代的卫星技术、信息技术和网络技术来实现高效率、高质量的数据采集。目前，运用得比较广泛的是以下几种技术。

1. 遥感技术（RS）

遥感包括航天遥感、航空遥感、雷达以及数字照相机或普通照相机摄制的图像。航天遥感由卫星实现，航空遥感通过飞机完成遥感，在规划过程中的主要作用是识别地物。在大范围的规划中使用遥感数据，可以省时省力。根据遥感卫星照片所呈现的图像，得到规划对象总体的基础数据（如植被空间分布图、水系分布图），这样就大大减少了实地调查进行数据采集的工作量，并更具科学性。

近年来，随着航天遥感技术（RS）的进步，高精度的卫星照片逐渐用于环境观测。相对于传统的监测方法，高精度的卫星照片在精确性、经济性、即时性上有一定优势。目前，先进的卫星遥感技术可以随时呈现非常精细的地面照片，分辨率可以达到 lm。时下应用最多的当属著名的美国伊科诺斯（IKONOS）卫星，伊科诺斯是美国空间成像公司（Space imaging）于 1999 年 9 月 24 日发射升空的世界第一颗高分辨率商用卫星。该卫星数据空间分辨率高，可以部分代替航空遥感，广泛用于城市、港口、土地、森林、环境和灾害调查；用于国家级、省级、市县级数据库的建设、更新，在国民经济建设中有着广泛的应用前景。伊科诺斯卫星数据的推广应用将有力地推广全球遥感应用的发展，在“数字地球”建设中作出巨大贡献。

2. 地理信息系统（GIS）

进行大范围的规划，还要运用地理信息系统原理及技术进行分析评价。GIS 以其强大的空间分析功能为景观规划师提供了新的方法，增加了规划师对规划成果的视觉感受，从而使其能够准确地了解和把握自然景观状态，在景观规划及景观设计中提供新的思路。

地理信息系统是一系列用来收集、存储、提取、转换和显示空间数据的计算机工具，它具有数据库管理、制图、图像处理和统计分析的功能。GIS 可以将零散的数据和图像资料加以综合并存储在一起，并将文字和数字资料高效地结合。在景观生态规划中主要运用了 GIS 的叠置技术，对多种类型的空间数据同时进行各种相关运算，并完成系统化的分析评价。现代景观规划中，强调整体性原则，利用方式的确定不仅要考虑其本身的生态特征，还要考虑景观类型与相邻景观单元的空间关系，如何将各因子与景观单元的关系在空间上进行定量描述是解决景观类型利用的一个关键。GIS 的叠置技术使得这种分析成为可能，在此基础上才能根据景观生态规划的基本原理，进行合理的规划。

此外 GIS 还具有动态分析和模拟的功能，通过对不同时段所得到的遥感数据进行分析、监测和分析景观的动态过程，并模拟景观未来的发展动态，可以实现景观的动态规划，改变传统的规划思路。同时，GIS 具有很强的表达功能，可以输入输出各式各样的数字产品，使该系统的数据形式转换成其他系统可接受的数据形式，如 ARCVIEW 和 MAPINFOR 的数据格式可以兼容传统规划常用软件 AutoCAD 的数据格式，这就可以将规划结果进行存储和汇总，将规划意图通过数据的形式完整地表现出来。

目前，GIS 在景观规划中的应用主要集中在用地适宜性分析评价、环境廊道分析、地势地形分析、坡度坡向分析、景观视线视域分析和三维显示六个方面。GIS 在应用于景观规划设计过程中，为其带来了不少的新思路和方法，在未来的研究中，还将深入探讨其与其他高新技术的结合，更好地为景观规划设计或其他行业服务。

3. 全球定位系统（GPS）

全球定位系统是现代进行导航和定位的一种最科学的方法。地理位置或地理坐标常常

是空间资料中必须具有的重要信息，使用传统的罗盘和地物来确定景观单元的具体地理坐标往往是困难的，尤其是大尺度范围，因此可以采用 GPS 在较大尺度上进行定位。它是建立在无线电定位系统、导航系统和定时系统基础上的空间导航系统，以距离为基本观测量，可同时通过多颗卫星进行距离测量来计算目标的位置。它的主要作用是对航空照片和遥感卫星照片等遥感图像进行定位和地面矫正，遥感数据在精度上还不够，因此需要 GPS 辅助矫正。目前在动物活动监测、生境图、植被图的制作方面得到广泛应用。在景观生态规划过程中，由于要借助大量遥感数据，因此 GPS 的辅助功

能也日益突出，可以将GPS获得的数据处理后直接录入GIS系统，达到精确定位的目的。

7.3 新能源及运用

从18世纪工业革命开始，随着人类利用自然资源的能力增强，带来了物质生活和生存环境的改善，但随之而来的是生态环境的破坏和环境污染日益加剧。尤其在发展的探索历程中，能源的大量开发及其不科学的利用，带来了一系列的环境问题。比如，化石燃料燃烧产生大量煤烟粉尘和硫氧化合物，内燃机产生大量有害物质的尾气，使空气受到污染；大量生活垃圾和工业废弃物任意堆积，形成二次污染源；城市建筑的凌乱，规划布局的不合理，色彩的不和谐，玻璃幕墙的阳光反射及各种杂乱无章的路标、广告，蜘蛛网似的电线、电话线以及工业噪声和交通噪声等形成都市污染。世界各地曾发生多起严重的环境污染事件，如洛杉矶光化学烟雾事件，1952年英国伦敦烟雾事件，20世纪中期日本的水俣病等事件，1984年印度博帕尔农药厂毒气泄露事件等。

人类社会的生存与发展离不开各种机械能、分子内能、电能、化学能、原子能等物理或化学科学知识的应用。随着经济的发展、社会的进步，人们对能源提出越来越高的要求，寻找新能源成为当前人类面临的迫切课题。而能源在景观设计中的应用，不但带来新颖的设计理念，而且其科学性、实用性、适用性、方便性以及环保性等特点，能体现科学发展观，美化环境，为可持续发展奠定基础。

7.3.1 新能源及可再生能源

新能源和可再生能源的概念是1981年联合国在肯尼亚首都内罗毕召开的能源会议上确定的。它不同于目前使用的传统能源，是对环境污染很小，一种与生态环境相协调的清洁能源。主要的新能源和可再生能源如下：

1. 太阳能

太阳能是地球上无穷尽、无公害的干净能源，是人类最有希望的能源。然而，太阳能是一种具有分散性和间歇性等特点的能源。

2. 地热能

地热能是指贮存在地球内部的可再生热能，但是地热能的分布相对比较分散，因此开发难度很大。地热能储存在地下，不受任何天气状况的影响，并且具有其他可再生能源的所有特点，随时可以采用，不带有害物质，关键在于是否有更先进的技术进行开发。

3. 风能

风能是空气运动的能量，实际上是太阳能的一种转换形式，具有最大的普遍性。它的特点是：①蕴藏巨大；②可以再生；③分布广泛；④没有污染；⑤密度低；⑥不稳定；⑦地区差异大。

4. 生物质能

生物质能是蕴藏在生物质中的能量，是一种唯一可再生的碳源，可转化成常规的固态、液态和气态燃料。其特点为：①可再生性；②低污染性；③广泛分布性；④生物质燃料总量十分丰富。

7.3.2 太阳能和风能在景观规划设计中的应用

现阶段，我国在景观规划设计中主要运用的新能源有：太阳能和风能。

例如大量的景观型亭子，在一些旅游景观区域或社区都能随处可见。将亭子表面设计为太阳能电池板，太阳能电池板吸取转化的电能用于灯具照明，这样不仅可以获取原材料无成本的电源，更能达到无污染、安全、提高资源效用、节能、环保、降低成本、节约资金等目标。

在太阳能利用上，因地制宜地把城市景观规划设计与景观规划设计相结合，能更直观、更好地展现城市价值观和景观规划理念。在景观规划设计中，太阳能的利用，受地区气候、昼夜、季节的影响，接收到当地上空的太阳能，具有间断性和不稳定性。因此，贮存太阳能量十分重要，能使太阳能景观照明得到大规模利用。

保定市以太阳光为能源来源的太阳能节能路灯，白天（在日照充分的天气），太阳能集电电池板给系统蓄电池充电，到晚上，系统蓄电池用于夜间照明的供电使用，没有昂贵且复杂的地下暗藏管线铺设，可任意布局，调整灯具的展示形式及展示效果，节能环保、可靠、稳定，无需人为操作，安全工作无污染，节省电费的同时免维护（图7–23）。

设计太阳能照明过程中，应尽量使内容、设计更加丰富多彩、具体且生动；设计太阳能照明中，需要可选性更广泛的形式设计，使预期设想的效果能够很好地传达，进而与实际工程迅速紧密结合，产生社会效应，同时使人文

图7–23 保定市竞秀公园东门口采用的灯具

来源：孟繁垒.太阳能照明在保定景观规划设计中的应用[D].保定：河北大学，2011

气息在城市环境中有浓郁的体现。

在太阳能普遍用于景观灯的同时，太阳能和风能结合开发出了风光互补灯，相较于太阳能与传统路灯，风光互补灯系统具备了风能和太阳能产品的双重优点（图7–24）。没有风能的时候可以通过太阳能电池组件来发电并储存在蓄电池中；有风能没有光能的时候可以通过风力发电机来发电；风光都具备时，可以同时发电。在白天可以利用太阳光和风力资源发电，晚上利用风力发电机发电，弥补了风能供电或太阳能供电的单一性，使供电系统更具稳定性和可靠性。运行的时候通过蓄电池向负载放电，为负载提供电力。路灯开关无需人工操作，由智能时控器自动感应天空亮度进行控制。

图7-24　路灯运用风能和太阳能结合发电

除太阳能技术和风能技术在景观规划设计中的运用外，生物质能以及各种湿地技术在景观水体修复中也有重要的应用。如利用海藻酸钙固定化经过富集培养的土著微生物、纤维素酶、脂肪酶以及将其复合后处理受污染的景观水体，或者通过高效、廉价、美观、卫生的人工湿地处理系统处理城市的污水。

随着我们对新能源和常规能源的认识进一步清晰，新能源在景观规划设计系统中的地位日益上升，已不再是一种可有可无的辅助角色，对新能源在系统规划时要与常规能源一样统筹考虑，甚至给予更多关注。届时，我们未来的城市系统以及与景观相关的能源系统将会变得更加安全、经济、清洁、高效、低碳、绿色。

主要参考文献

[1] 俞孔坚，李迪华 . 可持续景观 [J]. 城市环境设计，2007（01）: 7-12.
[2] 俞孔坚，李迪华，吉庆萍 . 景观与城市的生态设计 [J]. 中国园林，2001（06）.
[3] 俞孔坚，李迪华 . 城市景观之路——与市长们的交流 [M]. 北京：中国建筑工业出版社，2003.
[4] 俞孔坚 . 生存的艺术：定位当代景观设计学 [M]. 城市环境设计，2007（03）: 12-18.
[5] 俞孔坚 . 景观、文化、生态与感知 [M]. 北京：科学出版社，1998.
[6] 俞孔坚 . 还土地和景观以完整的意义：再论“景观设计学”之于“风景园林”[J]. 中国园林，2004（07）: 47-51.
[7] 俞孔坚 . 追求场所性：景观设计的几个途径及比较研究 [J]. 建筑学报，2000（02）: 45-48，67.
[8] 俞孔坚 . 景观的含义 [J]. 时代建筑，2002（01）.
[9] 俞孔坚，刘东云 . 美国的景观规划专业 [J]. 国外城市规划，1999（1）: 1-9.
[10] 俞孔坚 . 北京大学景观设计学研究院 [J]. 建设科技，2006（7）.
[11] 刘滨谊，王云才，刘晖 . 城乡景观的生态化设计理论与方法研究 [C]// 中国风景园林学会 . 中国风景园林学会 2009 年会论文集，2009: 6.
[12] 刘滨谊，李开然 . 纪念性景观设计原则初探 [J]. 规划师，2003（02）: 21-25.
[13] 刘滨谊，母晓颖 . 城市文化与城市景观吸引力构建 [J]. 规划师，2004（02）: 5-7.
[14] 刘滨谊，徐晞 . 景观光环境规划设计方法初探 [J]. 风景园林，2006（03）: 74-79.
[15] 刘滨谊 . 走进当代景观建筑学 [J]. 时代建筑，1997（03）: 10-12.
[16] 刘滨谊 . 国内外景观规划设计热点纵横——理论、技术、创新 [J]. 国外城市规划，1999（02）: 10-14，43.
[17] 刘滨谊，刘谯 . 景观形态之理性建构思维 [J]. 中国园林，2010（4）.
[18] 刘滨谊，风景园林学科发展坐标系初探 [J]. 中国园林，2011（6）.
[19] 刘滨谊，现代风景旅游规划设计三元论 [J]. 规划师，2001（6）.
[20] 肖笃宁，苏文贵，贺红士 . 景观生态学的发展和应用 [J]. 生态学杂志，1988（06）: 43-48，55.
[21] 肖笃宁，解伏菊，魏建兵 . 景观价值与景观保护评价 [J]. 地理科学，2006（04）: 4506-4512.
[22] 肖笃宁，李秀珍 . 景观生态学的学科前沿与发展战略 [J]. 生态学报，2003（08）: 1615-1621.
[23] 肖笃宁，李秀珍 . 发展中的景观生态学 [C]// 中国生态学学会 . 生态学的新纪元——可持续发展的理论与实践，2000: 2.
[24] 肖笃宁，钟林生 . 景观分类与评价的生态原则 [J] . 应用生态学报，1998，9（2）: 217-221.
[25] 谢浩 . 追求理想化的水景设计效果 [J]. 混凝土世界，2010（07）: 72-76.

[26] 谢浩．建筑水体的景观设计要点 [J]. 河南建材，2006（06）: 59–60，68.

[27] 谢浩．居住区水体景观设计要点 [J]. 住宅科技，2007（01）: 50–53.

[28] 谢浩．以人为本思想在小区规划设计中的应用 [J]. 住宅科技，2012（01）: 1–3.

[29] 李晓颖，王浩．点、线、面相结合构建城市公园植物景观规划 [J]. 福建林业科技，2010（03）: 162–166.

[30] 孟瑾．城市公园植物景观设计 [D]. 北京：北京林业大学，2006.

[31] 金学智．中国园林美学 [M]. 北京．中国建筑工业出版社，2000.

[32] 胡长龙．园林规划设计 [M]. 北京．中国农用出版社，1999：63–83.

[33] 鲁敏，李英杰．园林景观设计 [M]. 北京．科学出版社，2005.

[34] 陈月华，王晓红．植物景观设计 [M]. 长沙．国防科技大学出版社，2005.

[35] 陈有民．园林树木学 [M]. 北京．中国林业出版社，1999：95–100.

[36] 刘荣凤．园林植物景观设计与应用 [M]. 北京．中国电力出版社，2010：2–12，22–28，36，37，41–54，109–129.

[37] 丁绍刚．风景园林·景观设计师手册 [M]. 上海．上海科学技术出版社，2009：444–445.

[38] 周燕．城市公共空间植物景观设计研究 [D]. 武汉：华中科技大学，2005.

[39] 屈永健．园林艺术 [M]. 西安．西北农林科技大学出版社，2006：45–52.

[40] 王竞红．园林植物景观评价体系的研究 [D]. 哈尔滨：东北林业大学，2008.

[41] 马娱．植物景观设计方法研究 [D]. 北京：北京林业大学，2010.

[42] 熊丹丹．浅议园林中人与自然的和谐统一 [J]. 景观中国，2007（04）.

[43] 汪德华．中国山水文化与城市规划 [M]. 南京：东南大学出版社，2002.

[44] 张振．传统园林与现代景观设计 [J]. 中国园林，2003（08）.

[45] 尹安石．现代城市景观设计 [M]. 北京：中国林业出版社，2006.

[46] 王向荣，林菁．西方现代景观设计的理论与实践 [M]. 北京：中国建筑工业出版社，2002.

[47] 宋珊．中国古典园林在现代景观设计中的继承和发展 [D]. 西北农林科技大学，2009.

[48] 何东进，洪伟，胡海清．景观生态学的基本理论及中国景观生态学的研究进展 [J]. 江西农业大学学报，2003（02）: 276–282.

[49] 杨德伟，陈治谏，陈友军，王贺一．基于景观生态学基本理论的生物多样性研究 [J]. 地域研究与开发，2006（01）: 111–115，124.

[50] Monica G.Turner，魏建兵，王绪高，冷文芳，金龙如，刘淼．景观生态学发展现状 [J]. 生态学杂志，2006（07）: 834–844.

[51] 刘琴，王金霞．景观生态学在旅游规划中的应用 [J]. 环境科学与管理，2006（05）: 148–150.

[52] 朱强，黄丽玲，俞孔坚．设计如何遵从自然——《景观规划的环境学途径》评介 [J]. 城市环境设计，2007（01）: 95–98.

[53] 朱明，胡希军，熊辉．浅析城市硬质景观设计与发展 [J]. 山西建筑，2007（10）: 18–19.

[54] 任珊，沈守云．城市景观生态设计理论探讨 [J]. 林业勘察设计，2007（01）: 83–85.

[55] 罗佩，胡希军．居住区景观设计中乡村意境营造 [J]. 北方园艺，2007（12）: 145–147.

[56] 陈利顶，刘洋，吕一河，冯晓明，傅伯杰．景观生态学中的格局分析：现状、困境与未来 [J]. 生态学报，2008（11）: 5521–5531.

[57] 黄智凯，沈守云，张素娟．当代景观设计中生态设计理念的探索 [J]. 广西园艺，2008（02）: 26–28.

[58] 陆霞，沈守云，郇明．园林生态设计理论在住宅区景观设计中的应用 [J]. 吉林林业科技，2008（02）: 14–17.

[59] 张俊国，张铁峰，王彪．景观生态学研究进展与展望 [J]. 林业勘察设计，2008（02）: 26–28.

[60] 奚雪松，俞孔坚，胡佳文，宋云．从 Landscape and Urban Planning 20 年来的论文看国际景观规划研究动态 [J]. 北京大学学报（自然科学版），2008（04）: 651–660.

[61] 常禹，胡远满，布仁仓，孟志涛，杜强根，赵家明．景观可视化及其应用 [J]. 生态学杂志，2008（08）: 1422–1429.

[62] 郭卓．城市生态公园的植物景观设计 [D]. 西安：西安建筑科技大学，2012.

[63] 王睿，刘滨谊．世博会与近现代景观设计思潮嬗变 [J]. 绿色科技，2011（08）: 65–68.

[64] 埃卡特·兰格，伊泽瑞尔·勒格瓦伊拉，刘滨谊，唐真．视觉景观研究——回顾与展望 [J]. 中国园林，2012（03）: 5–14.

[65] 张玉婷．现代技术在景观设计中的运用 [J]，中华民居，2012（6）: 03–06.

[66] 姚宏波．景观工程新材料在当代景观中的应用 [J]，城市建设理论研究（电子版），2012（9）.

[67] 邢佳林．现代景观高技术发展趋势初探 [D]. 南京：东南大学：2004：20–37.

[68] 赖雪，王熠莹．材料的创新在现代景观设计中的应用 [J]. 现代园艺，2012,（6）: 34–36.

[69] 徐明珠，杨洋，王海荣 .GIS 在景观规划中的应用综述 [J]. 技术与市场，2010，17（7）: 13–15.

[70] 孟繁垒．太阳能照明在保定景观规划设计中的应用 [D]. 保定：河北大学，2011.

[71] 郭晨华．海藻酸钙固定化酶与固定化微生物在景观水体修复中的应用研究 [D]. 上海：华东理工大学，2007.

[72] 肖晓笛．陶瓷废料在人工湿地技术中的应用研究 [D]. 广州：华南理工大学，2009.

[73] 张晓辰，成颖．从《景观的语言》看景观的涵义 [J]．商品与质量·建筑与发展，2011（3）.

[74] 张卉卉．当代景观新思维 [D]. 南京：南京林业大学，2007.

[75] 侯锦雄，林文毅 . 景观设计教育中之美学论述与表现 [C]// 迈向多元发展新纪元设计之路——景观设计教学研讨会，2002.

[76] [美] 约翰· O. 西蒙兹，巴里· W· 斯塔克 . 景观设计学——场地规划与设计手册 [M]. 朱强，俞孔坚，王志芳，孙鹏等译 . 北京：中国建筑工业出版社，2000.

[77] 汤小敏，王云 . 景观艺术学——景观要素与艺术原理 [M]. 上海：上海交通大学出版社，2009.

[78] 张维妮 . 景观设计初步 [M]. 北京：气象出版社，2004.

[79] 李开然 . 景观设计基础 [M]. 上海：上海人民美术出版社，2006.

[80] 周向频 . 景观规划中的审美研究 [J] . 城市规划汇刊，1995（2）：55.

[81] 汤小敏，王祥荣 . 景观视觉环境评价：概念、起源与发展 [J] . 上海交通大学学报，2007，25（3）：175.

[82] Carys Swanwick. 英国景观特征评估 [J] . 高枫，译 . 世界建筑，2006（7）：23–27.

[83] 袁烽 . 都市景观的评价方法研究 [J] . 城市规划汇刊，1999（6）：46.

[84] 陈宇 . 城市景观的视觉评价 [M] . 南京：东南大学出版社，2006.

[85] 埃卡特· 兰格，伊泽瑞尔· 勒格瓦伊拉，刘滨谊，唐真 . 视觉景观研究——回顾与展望 [J]. 中国园林，2012（3）.

[86] 徐坚 . 山地城镇生态适应性城市设计 [M] . 北京：中国建筑工业出版社，2008.

[87] 徐坚 . 山地村落生态适应性的景观策略研究——以云南大理蟠曲自然村为例 [J] . 中国建筑科学，2010（7）.

[88] 徐坚，姜鹏 . 云南宗教性人居环境建设特征探析 [J] . 风景园林，2006（6）.

[89] 徐坚，李英全，姜鹏 . 山地环境中廊道对人居格局及城镇体系的影响 [J] . 城市问题，2008（8）:18–22.

[90] 徐坚，李冰，周盛君 . 云南民族聚落垂直梯度景观格局分析——以白族村诺邓为例 [J] . 华中建筑，2010（5）:101 – 103.

[91] 周鸿 . 人类生态学 [M] . 高等教育出版社，2001.

[92] [美] 丹尼斯等著，俞孔坚等译 . 景观设计师便携手册 [M] . 中国建筑工业出版社，2002.

图书在版编目（CIP）数据

景观规划设计 / 徐坚，丁宏青编著. — 北京：中国建筑工业出版社，2013.12

ISBN 978-7-112-16009-9

Ⅰ. ①景… Ⅱ. ①徐… ②丁… Ⅲ. ①景观规划 — 景观设计 Ⅳ. ①TU986.2

中国版本图书馆CIP数据核字（2013）第250461号

本书内容包括景观与景观规划设计；景观体系划分及特点；景观规划设计要素及利用；景观规划设计基础；景观规划设计标准；景观规划设计；景观规划设计新材料、新技术、新能源及运用等。

全书可供广大风景园林设计师、高等院校风景园林专业师生等学习参考。

责任编辑：吴宇江
书籍设计：贺 伟
责任校对：王雪竹 刘梦然

景观规划设计
徐 坚 丁宏青 编著
*
中国建筑工业出版社出版、发行（北京西郊百万庄）
各地新华书店、建筑书店经销
北京京点设计公司制版
天津翔远印刷有限公司印刷
*
开本：787×1092 毫米 1/16 印张：14¼ 字数：300 千字
2014 年3月第一版 2020 年 1 月第四次印刷
定价：40.00元
ISBN 978-7-112-16009-9
(24790)